图1　普通大葱

图2　分葱

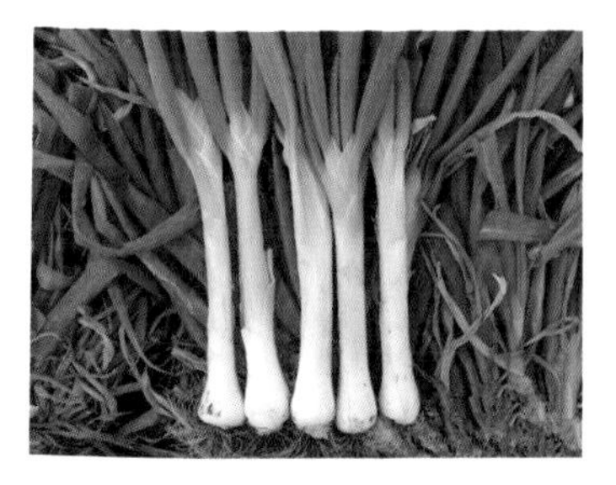

图3　胡葱

图4　韭葱

图5　楼葱

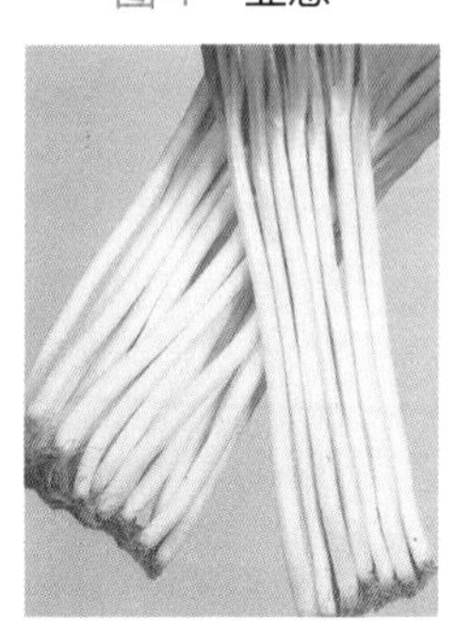

图6　山东章丘大梧桐（长葱白）

图7　天津五叶齐（短葱白）

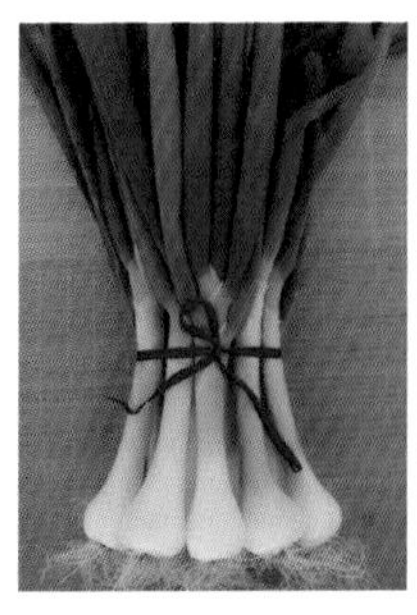

图8　鸡腿葱

图 9　大葱花薹

图 10　大葱采种

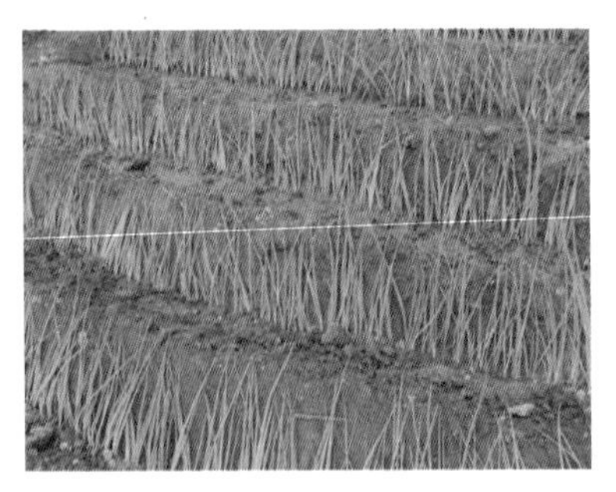

图 11　大葱秋播育苗

图 12　大葱育苗

图 13　大葱定植

图 14　大葱培土作业

图 15　大葱种植收获一体机

图 16　大葱田间管理

图 17　大葱收获

图 18　大葱设施栽培

图 19　葱紫斑病

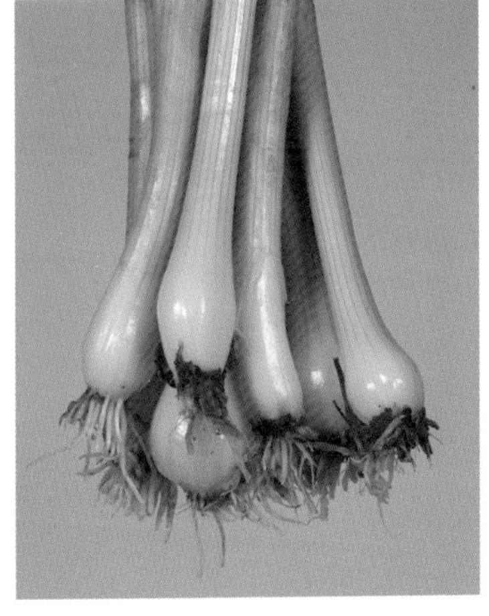

图 20　大葱白腐病

图 21　大葱病毒病

图 22　大葱干尖

图 23　大葱灰霉病

图 24　大葱菌核病

图 25　大葱软腐病

图 26　大葱锈病

图 27　大葱疫病

图 28　大葱紫斑

图 29　香葱

·科学种菜致富问答丛书·

葱高产栽培关键技术问答

CONG
GAOCHAN ZAIPEI
GUANJIAN JISHU WENDA

张彦萍　刘海河　主编

化学工业出版社
·北京·

图书在版编目（CIP）数据

葱高产栽培关键技术问答/张彦萍，刘海河主编．
—北京：化学工业出版社，2020.1（2022.11重印）
（科学种菜致富问答丛书）
ISBN 978-7-122-35739-7

Ⅰ.①葱…　Ⅱ.①张…②刘…　Ⅲ.①葱-蔬菜园艺-问题解答　Ⅳ.①S633.1-44

中国版本图书馆CIP数据核字（2019）第252630号

责任编辑：邵桂林　　　　文字编辑：焦欣渝
责任校对：宋　玮　　　　装帧设计：韩　飞

出版发行：化学工业出版社
（北京市东城区青年湖南街13号　邮政编码100011）
印　　刷：北京云浩印刷有限责任公司
装　　订：三河市振勇印装有限公司
850mm×1168mm　1/32　印张6¾　彩插2　字数117千字
2022年11月北京第1版第4次印刷

购书咨询：010-64518888　　售后服务：010-64518899
网　　址：http://www.cip.com.cn
凡购买本书，如有缺损质量问题，本社销售中心负责调换。

定　　价：39.00元　

本书编写人员名单

主　　编　张彦萍　刘海河

副 主 编　周宏宇　赵雄伟

编　　者　陈倩云　胡瑞兰　刘海河　李　田
　　　　　左彬彬　周宏宇　赵雄伟　张彦萍

前言

PREFACE

蔬菜是人们日常生活中不可缺少的佐餐食品，是人体重要的营养来源。蔬菜产业是种植业中最具竞争优势的主导产业，已成为种植业的第二大产业，仅次于粮食产业。有些省份如山东省，蔬菜产业占种植业的第一位，是农民脱贫致富的重要支柱产业，在保障市场供应、增加农民收入等方面发挥了重要作用。

近年来，中国蔬菜产业迅速发展的同时，仍存在价格波动较大、生产技术落后及产品附加值偏低等造成的菜农收益不稳定等问题。蔬菜绿色高效生产新品种、新技术、新材料、新模式不断加大科技创新及技术集成，使主要蔬菜的科技含量不断提高。我们在总结多年来一线工作的经验以及当地和全国其他地区主要蔬菜在栽培管理、栽培模式、病虫害防治等方面新技术的基础上，组织河北农业大学、河北省蔬菜产业体系（HBCT2018030202）和生产一线多位教授、专家编写了《科学种菜致富问答丛书》。

《葱高产栽培关键技术问答》是丛书中的一个分册。书中比较详细地介绍了大葱栽培的基本特征和要求、大葱类型及优良品种、大葱优质高产栽培技术、分葱优质高产栽培技术、细香葱优质高产栽培技术、葱病虫草害防治技术、葱贮藏保鲜与加工技术、良种繁育技术。我们希望通过本书的出版，能为进一步提高葱安全优质高效栽培技术水平，普及推广葱生产新技术，帮助广大专业户和专业技术人员解决一些生产上的实际问题做出贡献。

本书在编写过程中参阅和借鉴了有关书刊中的资料文献，在此向原作者表示诚挚的谢意。

本书注重理论和实践相结合，具有较高的实用性和可操作性。同时书中附有彩图，可帮助读者比较直观地理解书中的内容。

由于编者水平所限，书中难免出现不当之处，敬请广大读者不吝批评指正。

编者

2020 年 3 月

目录

CONTENTS

第一章　大葱栽培的基本特征和要求

第二章　大葱类型和优良品种

第三章　大葱优质高产栽培技术

第四章　分葱优质高产栽培技术

第五章　细香葱优质高产栽培技术

第六章　葱病虫草害防治技术

第七章　葱贮藏保鲜与加工技术

第八章　良种繁育技术

第一章

大葱栽培的基本特征和要求

1. 大葱的根具有哪些生长特点?

大葱的根系为白色弦线状浅根性须根系，次生根着生于短缩的茎盘上，随着茎的伸长，新根不断发生，根群主要分布在30厘米以内的表土层。大葱的根系再生能力较弱，移栽成活后葱的生长主要依靠新生的根吸收养料和水分。

大葱根系喜欢疏松肥沃、透气良好的土壤，怕涝，若土壤湿度过大，特别是高温高湿，根系会因供氧不足而坏死、变黑。大葱根系有好气性，喜欢向土壤透气性较高的部位伸展，在高培土栽培时，大葱的根系不是向下生长，而是沿着水平方向或向上延伸，培土越高，大葱根系的返根现象（根系往上长）越突出。

2. 大葱的茎具有哪些生长特点？

大葱的茎在营养生长期为变态的短缩茎，也就是所说的茎盘。茎盘呈圆锥形，先端为生长点。随着株龄的增加，短缩茎稍有伸长，花芽分化后，茎盘顶芽伸长成花薹。

3. 大葱的叶具有哪些生长特点？

大葱的叶包括叶身和叶鞘两部分，在嫩叶的下表皮及其绿色细胞中充满白色油脂状黏液，为含硫辣味物质。在叶身的成长过程中，内部薄壁细胞组织逐渐消失，成为中空的管状叶，先端尖，翠绿或深绿色，表皮光滑有蜡质层；叶鞘圆筒状，多层叶鞘相互抱合形成假茎。

大葱的叶按 1/2 叶序着生在茎盘上，叶子呈扇形排列，整齐地分布在近一个平面上。葱叶的分化有顺序性，幼叶从生长锥两侧按互生顺序相继发出，并从相邻外叶的出叶孔穿出。内叶的分化和生长以外叶为基础，外叶叶鞘较短，随着新叶的不断出现，老叶不断干枯，外层叶鞘逐渐干缩成膜状。

葱白为多层叶鞘包含而成的假茎经培土软化栽培后的白色部位，假茎是养分的贮藏器官和食用部分，也是大葱的主要经济产物，有贮藏养分、水分，保护分生组织和心叶的功能。

大葱的产量高低主要取决于假茎的长度和粗度。假茎的高矮、粗细和形态，受品种特性的影响；假茎的高矮还与栽培方式有关，通常培土越高，葱白越长。

一般一株大葱保持绿色功能叶 5～8 片，大葱保持的功能叶数与品种特性有关，一旦茎盘生长点分化花芽，就不再分化新叶。

4. 大葱的花薹和花具有什么生长特点？

随着株龄的增加，在适宜的外界低温条件下，大葱植株通过春化阶段，茎盘生长点开始花芽分化。大葱完成阶段发育后，短缩茎伸长形成花薹，又称花茎。花薹的长度和粗度因品种和营养情况而异，花薹绿色、中空，呈圆柱形，顶端着生伞形花序，花序有白色的膜质总苞片。

花序总苞开裂后露出花蕾，一个花序内有小花 400～600 朵。大葱花呈浅黄色，为两性花，一朵花最多可结 6 粒种子。大葱为异花授粉，有蜜腺，虫媒花，风亦可传粉，因此生产上繁育种子时不同品种间必须保持一定的距离，避免品种混杂。

5. 大葱的果实和种子具有什么生长特点？

大葱的果实为蒴果，成熟后易开裂，种子较易脱落，一般每果结 3～4 粒种子。每个花球可采种子

300～500粒。开花数、采种量与种株株龄和花球大小有关。大葱种子颜色为黑色，盾形，种皮有皱纹，千粒重2.4～3.4克，常温下种子寿命1～2年，生产上宜使用当年新种子。若采取低温干燥贮存，葱种寿命也可延长到10年以上。

6. 大葱花芽分化需要哪些条件？

大葱属于绿体春化作物，萌动的种子不能感受低温，否则影响通过春化，必须当植株达到一定苗龄、积累一定的营养物质后，才能感受低温通过春化。如果秋播时间过早，越冬前秧苗过大，就可能造成先期抽薹。

7. 大葱的整个生长周期可以划分为哪两个时期？

大葱的生长周期可分为营养生长和生殖生长两个时期。生长周期的长短因播期不同而异。秋季播种翌年秋季收获大葱（商品葱），第三年抽薹开花形成种子，跨过两个冬季，长达21～22个月；春季播种当年秋季收获大葱，翌年抽薹开花形成种子，需15～16个月。根据大葱在营养生长和生殖生长时期的生长特点，营养生长时期可划分为发芽期、幼苗期、假茎（葱白）形成期、休眠期，生殖生长时期可划分为花芽分化期、抽薹期和开花结籽期。

8. 大葱的营养生长期可分为哪几个阶段？

大葱从种子萌动到花芽开始分化为营养生长时期。可分为以下四个阶段：

(1) 发芽期　从播种到子叶出土直钩为发芽期。在适宜的发芽条件下，播种后 7～10 天，胚根伸出，扎入土层，子叶伸长，腰部拱出地面即“立鼻”。然后子叶尖端长出地表并伸直，即“直钩”，再从出叶口长出第 1 片真叶。大葱种子发芽过程如图 1-1 所示。

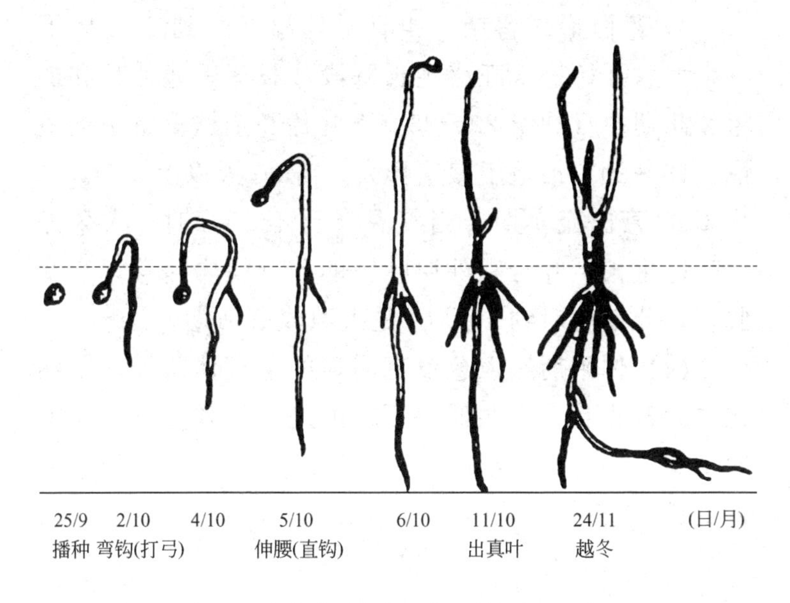

图 1-1　大葱种子发芽过程（顾智章，2005）

(2) 幼苗期　从子叶直钩到定植为幼苗期。秋播长达 8～9 个月之久。一般将秋播大葱的幼苗期划分为冬前期、越冬期和返青旺盛生长期。其中冬前期 40～50 天，越冬期 120～150 天，返青旺盛生长期 80～100 天，返青旺盛生长期是培育壮苗的关键时期。春播的幼苗期仅 80～90 天，出苗后很快进入旺盛生长期。

(3) 葱白形成期 从定植到大葱冬前停止生长为葱白形成期，120～140 天，可分为缓苗越夏期、葱白形成盛期和葱白充实期。

① 缓苗越夏期 从定植到秋季旺盛生长的时期。初期生长缓慢，缓苗期一般 15 天左右，缓苗后正处高温季节，生长仍很缓慢，约需 60 天。

② 葱白形成盛期 当日平均温度降到 25℃以下时，大葱开始进入旺盛生长阶段，假茎迅速伸长和加粗。此期在日均温 20～25℃下叶片和全株重量增加最快，13～20℃最适于假茎膨大，需 90 天以上。

③ 葱白充实期 当气温降至 4～5℃时，大葱停止旺盛生长，叶身和外层叶鞘的养分向内转移，充实假茎。此期历时约 10 天，是大葱收获适期。

(4) 休眠期 大葱没有明显的生理休眠期，中国北方大葱收获后，在低温下被迫进入休眠状态。休眠期 120～150 天。翌年春季气温升高时，植株开始返青生长。

9. 大葱生殖生长期可分为哪几个阶段？

(1) 花芽分化期 成品大葱在休眠期感应低温后

开始花芽分化，花芽分化期一般与休眠期重叠。

（2）抽薹期 从花芽分化后至花苞开裂开始开花，约30天。

（3）开花结籽期 从花序始花到种子成熟为开花结籽期，约50天。每一朵花的花期为2～3天，一个花序的花期约15天。从谢花到种子成熟约需20～30天。

10. 大葱生长发育对温度有什么要求？

大葱耐寒能力较强，种子在2～5℃条件下能正常发芽，在7～20℃内，随温度升高种子萌芽出土所需的时间缩短，但温度超过20℃时不萌发。生长最适温度为15～25℃，气温超过25℃则生长缓慢。大葱幼苗长有3～4片真叶、茎粗在0.4厘米以上、株高达10厘米以上时于2～5℃下经60～70天可通过春化阶段。所以大葱成株在露地或贮藏窖内越冬时，就可感受低温，通过春化阶段进入花芽分化期。幼苗和成株在土壤、积雪和覆盖物的保护下，可忍耐－30℃的低温露地越冬。

大葱的耐寒能力，取决于品种特性和植株营养物质的积累。幼苗过小，耐寒能力低，经过锻炼或休眠状态的植株，耐寒能力显著提高。所以，秋播育苗，掌握播种期非常重要，播种偏早，越冬时幼苗较大，抽薹率高；播种过迟，越冬时幼苗很小，抗寒能力弱，容易死苗。

11. 大葱的生长发育对光照有什么要求?

大葱对光照强度要求适中。光补偿点是1200勒克斯，光饱和点是25000勒克斯。大葱对日照长度要求为中光性，若光照强度过强，日照时间过长，则叶片容易老化，食用价值降低，影响商品质量；光照强度过低，日照时间过短，则光合作用弱，光合产物积累少，生长不良。大葱假茎部分在不见光的条件下生长良好。所以，生产上普遍采用大垄宽行定植，培土软化，使葱白长而充实，提高产量和质量。

大葱由营养生长过渡到生殖生长，与日照时间长短关系极为密切。长日照是诱导花薹伸长必不可少的条件。大葱植株达到一定的大小后，通过春化阶段，再遇到长日照，才能抽薹开花。

12. 大葱的生长发育对水分有什么要求?

大葱叶片管状，表面多蜡质，能减少水分蒸发，较耐旱。但根系无根毛，吸水能力差，所以在大葱各生长发育期都要供应必需的水分。根系具有喜湿的特征和特性，因此大葱生长期间要求较高的土壤含水量和较低的空气湿度。大葱不耐涝，炎夏高温多雨季节应注意排水防涝，以免烂根死苗。地表积水1～2天，植株便会大量死亡。

大葱的各个生育阶段对水分的要求不同，根据不同生育阶段的需水规律和气候特点，进行水分管理，才能获得大葱的优质高产。大葱需水量大的时期是假茎形成盛期。

13. 大葱的生长发育对土壤营养有什么要求?

大葱对土壤条件的适应性较强，由沙壤土到黏壤土都可栽培。沙壤土栽培，产品细胞壁木质化程度高，葱白粗糙松弛，外干膜层次多，不脆嫩，辛辣味重，不耐贮运。在黏质土壤栽培的大葱，葱白细长，产量较低。因此，要选择土层深厚、疏松、肥沃、排水良好、富含有机质的沙壤土种植大葱，才能产量高、品质优。

大葱对土壤酸碱度要求以 pH 值 7.0～7.5 为宜，pH 值低于 6.5 或高于 8.0 时，对种子发芽及植株生长有抑制作用。

大葱喜肥，由于大葱根系吸收能力较弱，为提高大葱产量，必须注意增施肥料。大葱对土壤中氮肥较敏感，生长前期以氮肥为主，葱白形成期宜增施磷、钾肥，缺磷植株长势弱，质劣低产。

大葱忌连作，在葱蒜类蔬菜的下茬，不论育苗或者栽培大葱，都会造成生长弱、产量低、病虫害发生重等不利影响，最好进行 3～4 年间隔期的轮作。

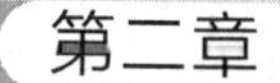

大葱类型和优良品种

1. 大葱依据分蘖习性可划分为哪些类型？

大葱包括普通大葱、分葱和楼葱。在植物分类学中，分葱和楼葱是普通大葱的变种。通常所说的葱是指普通大葱，其在中国普遍栽培。大葱依分蘖习性的不同，又可分为普通大葱和分蘖大葱。

普通大葱是栽培最多的一种。其植株高大，抽薹前不分蘖，抽薹后只在花薹基部发生一个侧芽，种子成熟后长出一个新植株。个别植株可分为 2 个单株，但收刨时仍有外层叶鞘包在一起。

分葱植株矮小，假茎细而短，分蘖性强，当植株长出 3～4 片叶时开始分蘖，单株每年形成 20～80 个分蘖。一般不抽薹或个别抽薹但不易结实，靠分株繁殖。分葱辣味较淡，以食嫩叶为主。

楼葱假茎短，分蘖性、抗逆性强，分蘖成株后，成为三层小葱株。花器不健全，无结实能力。主要靠分株移栽。休眠期短，可随时采收，随收移栽。

2. 普通大葱按假茎形态可分为哪些类型？

普通大葱按假茎形态可分为3种类型：长葱白类型、短葱白类型和鸡腿葱类型。

(1) 长葱白类型　假茎高大，株高1米以上，假茎（葱白）长40厘米以上，大葱假茎（葱白）上下粗细基本一致，形状像一根直棒，假茎基部不膨大，相邻叶身基部间距较大，一般相隔2～3厘米。假茎指数（假茎长/假茎横径）大于10，产量高，需要良好的栽培条件。代表品种有山东章丘大梧桐，陕西华县谷葱，辽宁盖平大葱，北京高脚白大葱、中华巨葱等。

(2) 短葱白类型　株高1米以下，假茎长40厘米以下，相邻叶身基部间距小，管状叶粗短，密集排列呈扇形。葱白粗短，上下粗度较均匀，假茎指数在10以下。这类品种生长健壮，抗风力强，较易栽培，宜密植创高产。多数品种葱白较紧实，辣味浓，耐贮运。代表品种有天津五叶齐、陕西石葱等。

(3) 鸡腿葱类型　该类型葱白短，假茎基部膨大呈鸡腿状或蒜头状。相邻叶片的出叶孔距离、夹角与短葱白类型相似。适应性强，适合密植，对栽培条件要求不严格。代表品种有河北隆尧鸡腿葱、河北对叶葱、山东莱芜鸡腿葱等。

3. 分蘖大葱假茎形态有何特点？与分葱有何不同？

分蘖大葱在营养生长期间，每当植株长出5~8个叶时，发生一次分株，由一株形成2～3株分株。营养生长时间充足时一年可分蘖2～3次，共形成6～10个分株。通过春化后每个分株可同时抽薹、开花、结实。植株大小接近普通大葱。分蘖大葱单株大小和重量，品种间差异较大，分株间隔时间短的品种植株较小。一般假茎粗1～1.5厘米、长20厘米左右。叶比普通大葱小而嫩，适合葱白和嫩叶兼用栽培。该类型主要用种子繁殖，抽薹开花结实习性与普通大葱相同。代表品种有青岛分葱等。

注意：分蘖大葱与分葱是两个不同的概念，分蘖大葱是大葱变种的一个类型，是具有分蘖特性的大葱，能正常开花结籽，多采用种子繁殖。分葱是葱种的一个变种，分蘖性极强，不能正常开花结籽，或只开花不结籽，不能用种子繁殖，只能用分蘖进行无性繁殖。分蘖大葱是大葱，不属于分葱。

4. 大葱依据播种育苗时期可划分为哪些类型？

民间依据大葱的播种育苗时期将大葱分为白露葱、二秋子葱、伏葱、改良葱、春葱等。

(1) 白露葱　白露（9月上旬）前后播种育苗的

大葱茬次称为白露葱。白露葱越冬时幼苗较小，不能通过春化阶段，虽经历冬季低温期，第二年春天返青后仍不会抽薹，主要用于秋冬大葱栽培的育苗，也有少部分提早定植，收获青葱。

(2) 二秋子葱 立秋（8 月上旬）后白露前播种育苗的大葱茬次称为二秋子葱。播种期比伏葱晚，但比秋葱（冬贮大葱）早。二秋子葱越冬时幼苗较大，经历冬季低温期通过春化阶段，第二年春天返青后很快抽薹。以嫩叶、假茎和嫩薹为产品，春季供应市场，但供应期不超过半个月。

(3) 伏葱 也叫火葱。一般在 7 月下旬露地直播，播种早，冬前幼苗生长期长，伏葱越冬时幼苗比二秋子葱还大，越冬期间很快通过春化阶段。春天返青后比二秋子葱抽薹还早，要及时采收青葱上市，上市期比二秋子葱提早半月左右，供应期不超过半个月。因该茬葱在越冬时需设风障，故也叫风障大葱。

(4) 改良葱 一般在 7 月上旬至 7 月下旬露地播种育苗，10 月下旬定植，第二年 5 月下旬至 6 月中旬采收青葱上市。

(5) 春葱 春天播种育苗，所以叫春葱。春葱兼有为栽培大葱培育秧苗和以小葱为产品进行小葱栽培的作用。

5. 大葱依据收获季节可划分为哪些类型？

从对大葱生产更有指导意义方面考虑，应以大葱产品的收获供应季节命名更合理。依据大葱的收获供应季节可分为冬葱、春葱、夏葱和秋葱。

（1）冬葱 冬季收刨供应的大葱叫作冬葱。冬葱收获后，经过适宜的贮藏，以干葱的形式供应冬季消费市场，干葱主要食用假茎。作为冬葱栽培的品种特点，首先是耐贮藏。

冬葱是我国北方大葱主产区主要栽培品种之一，在冬贮蔬菜供应中占有非常重要的位置。

（2）春葱 春季收刨供应的大葱叫作春葱，作为春葱栽培的品种特点，首先是耐抽薹。

（3）夏葱 夏季收刨供应的大葱叫作夏葱，作为夏葱栽培的品种特点，首先是耐热、抗病。

（4）秋葱 秋季收刨供应的大葱叫作秋葱，作为秋葱栽培的品种丰产性要好。

6. 大葱依据植株大小和主要食用部位可划分为哪些类型？

按照植株大小和主要食用产品器官部位不同，大葱又可分为小葱和大葱。

小葱生长期短，植株尚未完全长成，植株矮小，主要食用产品器官以幼叶为主。

大葱生长期长，植株高大，主要食用产品器官以假茎（葱白）为主。

7. 大葱依据生长时间的长短可划分为哪些类型？

依据大葱生长时间的长短，在北方地区又把大葱分为羊角葱、青葱和干葱。

(1) 羊角葱 又称发芽葱。东北地区栽种的一些大葱，由于定植过晚或定植时葱秧子过小，待长至入冬时尚不能长成商品大葱而留在田间露地越冬，这些露地越冬的大葱在第二年春天地表刚化冻时就开始萌发，从刚长出1～2片新叶到发出嫩薹，可随时采收上市。由于这些大葱刚发出的新叶形似羊角，所以称为羊角葱；又因刚发芽就上市，故又称“发芽葱”，山东章丘葱农也称这些葱为“芽葱”。

羊角葱是在春季干大葱供应刚结束，伏葱收获前上市，在周年供应上是不可缺少的一茬产品，所以应采用与冬葱不同的栽培方式。

而山东地区把3～4月份上市的小葱称为羊角葱。羊角葱是比一般小葱秧稍大，但又不是成株的葱，以嫩叶和假茎兼用供食。

(2) 青葱 是提前收获，以新鲜大葱供应市场的大葱产品，生产青葱一般很少培土或不培土，以大葱假茎与绿叶供食。春葱、夏葱、秋葱栽培主要以青葱供应市场。

(3) 干葱 是大葱初冬收获后，经过贮藏，以干葱的形式供应冬季消费市场的大葱产品，干葱主要食用假茎（葱白）。冬葱栽培以供应干葱为主。

8. 长葱白类型大葱主要有哪些优良品种？

(1) 章丘大梧桐 山东省章丘地方品种，是中国最著名的大葱优良品种，长葱白类型典型的代表品种。目前已在大葱集中生产区广泛推广，是中国大葱栽培的主要品种之一。生长势强，植株高大，株高1.3～1.5米，最高植株可达2米，葱白长50～70厘米，最长者达1米左右，葱白横径3～4厘米，不分蘖，少数植株双蘖对生。叶细长，叶色鲜绿，叶肉较薄，叶直立，叶间距较大。葱白细长，圆柱形，质地细嫩，含水分多，味甜，微辣，纤维少，商品性好。生食、炒食、做馅均可。生长速度快，产量高，单株重500克左右，最重者可达1千克，亩（1亩＝667平方米）产鲜葱3000～5000千克。品质好，适应性强，定植至收获120～140天。缺点是不抗风，耐贮性较差。章丘大梧桐在2000年昆明国际园艺博览会被评为银奖。

（2）气煞风 山东省章丘区农家品种，章丘大梧桐与鸡腿葱自然杂交系统选育而成。植株高大粗壮，管状叶粗短，排列较密，抗风力强，蜡粉较多，株高100厘米，葱白长40～50厘米，茎粗5厘米左右，基部略膨大，单株重500～1200克。味辛辣，品质上等，生熟食皆宜。较抗紫斑病，耐贮藏。

（3）大梧桐29系 山东省章丘区农业局对大梧桐进行系选复壮后选出的新品系。已通过山东省农作物品种审定。株高1.3～1.5米，单株有功能叶5～7片，叶面蜡粉厚，叶肉厚韧，叶尖向上或斜生。葱白长55～70厘米，葱白粗4厘米左右，质地洁白、平滑光亮、脆嫩多汁、纤维少，品质极佳。抗寒性强，耐高温，抗风力强，秋凉后生长旺盛。抗病性亦强，较耐紫斑病、霜霉病、菌核病。适宜密植，亩产5000千克左右。适宜全国各地栽培。

(4) 金棒8号大葱 大梧桐系列，采用三系（保持系、不育系、恢复系）制种技术制种，长势强壮、质嫩脆甜、营养丰富、商品性好，一般株高135～160厘米，葱白长65～80厘米，亩产5000～8000千克。一般可采取秋、春季育苗，每亩播种量2千克左右，移植3～5亩，以6月上旬移植为宜，亩定植2.2万株左右，株行距（3～4）厘米×80厘米，11月份可收获。

(5) 掖选1号 山东省莱州市蔬菜研究所以“章丘五叶”大葱为材料，通过辐射诱变和多代系选育而成。1992年通过山东省农作物品种审定并定名（原名掖辐1号）。植株高大挺直，株高130～160厘米，茎粗4厘米左右。叶色鲜绿，叶片上冲，叶鞘集中，叶肉厚。葱白长70厘米左右，质地细嫩，辣味适中，单株重900克。抗风，适应性广，抗病性强，亩产6000千克以上。适于在华东、黄河及长江流域种植。华北地区可春、秋季播种育苗，春播3月中下旬至4月上旬，秋播9月下旬至10月上旬。定植密度每亩1.1万～1.3万株。

(6) 中华巨葱 山东省曹县多种经营办公室和中国农业大学教授刘介卿联合繁育成功的一代高产大葱，也叫斤棵葱，1998年在全国农展会上获金奖。株型高大，挺直，一般株高1.5～1.8米，最高可达2

米以上，葱白长 80 厘米左右，茎粗 3.5～5 厘米，叶色鲜绿，管状，叶片直上紧凑，叶肉厚，抗风。单株鲜重 800～1200 克，最大可达 1.5 千克，质地洁白细嫩，味道辣中带甜。宜生食，炒食亦佳。抗逆性强，抗病、抗寒、耐热，适应性强，抗倒伏能力尤为突出，特别适于高寒地带种植，表现性能极为显著。返青早，前期生长迅速，生产势强，一般可比其他巨葱早上市 30 天左右。从定植到收获 100～120 天，一般亩产 8000 千克，丰产栽培可达 10000 千克。

(7) 介卿 3 号 介卿 3 号大葱是由中华巨葱经长期种植，并经多年定向系统选育而成的地方优良品种。该品种条件适宜时春、夏两季大葱淡季长成上市，株高分别为 100 厘米（春）和 150 厘米（夏），葱白分别为 50 厘米（春）和 65～70 厘米（夏），茎粗（横径 2～5 厘米），叶片数 5～6 个，单株重 200～1500 克，亩产量 5000 千克（春）至 8000 千克（夏）。叶色浓绿，葱白甜脆肥嫩而坚实，辣味适中，适宜生食和熟食。单株不分蘖，性喜凉爽，耐寒冷，耐肥、水，返青早，可春季收获上市，也可夏季收获一代良种后（亩收生产种 40～50 千克）30～45 天收获再生新葱。适于春、夏两季反季节栽培。

(8) 傲霜葱冠 该品种来源于章丘大葱优选提纯系，以其单株粗壮、高大、抗病、抗寒而得名。生长速度快、优质高产，葱白结实坚硬，株高 160～180 厘米，葱白直径 4 厘米左右，每亩产量 6500～10000 千克，是近年来全国各地大型商品葱基地首选品种之一。

(9) 傲霜大梧桐　该品种由章丘大梧桐与气煞风自然杂交选育而成，其以植株粗壮、高大、抗寒而得名。株高160～180厘米，葱白直径4厘米左右，生长速度快，优质高产，抗寒、抗病性好，葱白结实坚硬，每亩产量6500～10000千克，是近年来全国各地大型商品葱基地首选品种之一。

(10) 海阳大葱　河北省农作物品种审定委员会1990年认定的河北省秦皇岛市海阳镇地方品种。株高80～90厘米，葱白长40厘米以上，葱白横径3.0～3.6厘米，生长期有效绿叶数6～8个。叶色深绿，叶粗管状，叶肉厚，叶面蜡粉多，叶间距小，叶序整齐扇形。味辛辣，纤维少。植株抗风、抗寒、抗病性强，耐贮藏。单株重350～400克，亩产鲜葱2500～3500千克。

(11) 仙鹤腿大葱　河北省秦皇岛市海港区的地方良种之一。株高100～130厘米，葱白长80～120厘米，单株重350～500克，亩产3000千克以上。产量高，品质好，营养丰富，辛辣芳香，可常年生产供应市场。其耐性强、适应性广，对土壤和水肥条件要求不十分严格，栽培区域较广泛。

(12) 河北巨葱　是由河北故城巨葱研究开发中心袁振中农艺师与著名大葱专家刘介卿教授共同培育成功的巨葱良种。该品种植株特大，一般株高1.5米左右，高的达2米以上，葱白长70厘米左右，单株可至500克，一般亩产7500千克，最高产地块可达

10000 千克以上。味道特辣，品质超群。河北巨葱集株大高产与葱味特辣于一身，适于华北和东北地区种植。

(13) 青杂 2 号 河北省石家庄市农林科学研究院蔬菜研究所选育。整齐度高，生长势强，生长速度快。叶片直立，叶色深绿色，管状叶 6 枚，叶面蜡粉层厚，抗风、抗倒伏力强。葱白长 55～70 厘米、粗 4.0～4.5 厘米，平均单株重 0.45～0.55 千克。质地紧密、脆嫩，味甜。丰产性突出，一般每亩产量 6500 千克以上。

(14) 盖平大葱 盖平大葱又称盖州大葱、高脖葱，辽宁省盖州市农家品种。株高 100 厘米左右，葱白长约 50 厘米，直径 3～4 厘米，单株重 500 克左右。叶色深绿，叶细长，植株直立，不易抽薹，不分蘖，质嫩味甜，亩产量 2000～3000 千克。

(15) 凌源鳞棒葱 辽宁省凌源市地方品种。1985 年被辽宁省农牧业厅评为优质农产品。生长势强，株高 110～130 厘米，葱白长 45～55 厘米，葱白横径 3 厘米左右，单株重 250～500 克，最重可达 1 千克以上。亩产鲜葱 3000 千克以上。叶色浓绿，葱白质地紧实，味甜，微辣，香味浓厚。抗逆性强，耐贮藏。

(16) 营口三叶齐 辽宁省营口市蔬菜研究所选育出的常规大葱新品种，1988 年 6 月经辽宁省农作物品种审定委员会审定通过。株高 120～140 厘米，葱白长 60～70 厘米，葱白横径 2.0～2.6 厘米，葱白外膜紫红色。叶数 3～4 个，叶色深绿，叶形细长，叶面蜡质厚。单株重 300 克以上，一般亩产鲜葱 3000 千克以上。较抗紫斑病，叶肉厚，叶鞘抱合紧，抗倒伏。

(17) 辽葱 1 号　辽宁省农业科学院园艺研究所以冬灵白为母本、三叶齐为父本有性杂交选育的大葱新品种，于 2000 年通过辽宁省农作物品种审定委员会审定。株高 110 厘米左右，最高可达 150 厘米，葱白长 50 厘米左右，葱白横径 3～4 厘米，叶身颜色深绿，叶肉较厚，表面蜡粉多，叶片上冲，较抗风，生长期间功能叶（常绿叶）4～6 片，植株不分蘖，平均单株重 250 克左右，最大单株鲜重可达 750 克。其生长速度快，生育期短，定植后 90 天可收获冬贮。冬贮后干葱率较高，含糖量高、风味佳、品质好。它既可秋播又适宜春播，对病毒病、霜霉病、锈病的抗性都较强。辽葱 1 号一般产量为每亩 4000 千克，最高可达每亩 7000 千克。适于东北、华北等地种植。该葱的半成株抽薹后，侧芽葱的发生率高，一般可达 95%左右，而且生长旺盛。

(18) 盛京 1 号　该品种株高一般在 120～130 厘米，葱白长度与葱白横径分别在 50～55 厘米和 3～4 厘米。长势整齐，叶色浓绿，叶片表面蜡粉层适中，产量可达 75000 千克/公顷，可作为秋大葱进行种植生产。

(19) 盛京 2 号　沈阳市农业科学院选育。株高 125 厘米左右，葱白长 50～55 厘米，葱白横径 3.0～

4.0厘米，叶片深绿色，叶表蜡粉多，抗风能力强。生长期功能叶4～6片，叶片直立，开展度小，整齐度高。沈阳地区4月上旬育苗，6月中旬定植，10月中下旬收获，定植125天后可作冬贮葱收获，收获时平均单株鲜重300克左右，平均产量为78630千克/公顷，适合秋大葱生产。该品种抗寒性好，小苗和成株均可在沈阳地区安全越冬，死亡率较低。该品种较抗灰霉病和紫斑病。冬贮干葱可食用率较高。

(20) 辽葱7号 辽宁省农业科学院蔬菜研究所选育。生育期较短，生长速度快，株高115厘米左右，葱白质地紧实，长40～45厘米，横径3～4厘米，平均单株鲜重245克左右，抗病毒病、霜霉病和紫斑病，适合短季节栽培，一般每亩产量4800千克左右。适宜辽宁、吉林以及河北等地种植。

(21) 华县谷葱 又称赤水孤葱、鞭杆葱，产于陕西省华州区赤水镇。葱白粗长，味香甜，是陕西省大葱的主栽品种之一，陕西省农作物品种审定委员会1982年认定的陕西省华县农家品种。植株高大，直立生长，株高90～120厘米，叶间距较大，叶色深绿，蜡层较薄，葱白长50～65厘米，无分蘖，葱白直径为3厘米左右，单株重400克左右，最大可达500克。质地细嫩生脆，辣味少，稍甜，芳香性强，品质佳，中、晚熟。耐寒性强，耐旱，耐盐碱，耐贮藏。一般亩产鲜葱3000～4000千克。

(22) 北京高脚白 北京市地方品种，1987年经天津市农作物品种审定委员会认定。株高75～100厘米，葱白长35～50厘米，葱白横径3厘米左右，有效功能叶6～8片，单株重500～750克，葱白嫩脆，味稍甜，辣味小，品质佳。该品种耐寒，耐藏，抗病，生、熟食均可。一般亩产5000千克左右。在天津和北京地区多有栽植。

(23) 毕克齐大葱　内蒙古自治区农作物品种审定委员会1989年认定的呼和浩特市土默特左旗毕克齐镇的农家品种。株高95～115厘米，葱白长40厘米，葱白横径2.2～2.9厘米。9～11片叶，叶形粗管状，叶色绿。单株重150克左右。小葱秧葱白基部有一个小红点，似胭脂红色，随着葱的生长而扩大，裹在葱白外皮形成紫红色条纹或棕红色外皮。葱白质地紧密、脆嫩，辛辣味浓，品质佳。抗寒、抗旱、抗病，耐贮运。一般亩产鲜葱2000～3500千克。

(24) 山西鞭杆葱　山西省运城市农家品种。株高100厘米左右，无分蘖。叶形粗管状，叶色深绿，叶面蜡粉多。葱白长40厘米以上，葱白横径2～3厘米，单株重400克左右。葱白质地紧实，辣味浓，品质佳。一般亩产鲜葱3000～4000千克。

(25) 冬灵白大葱　是天津郊区菜农从宝坻五叶齐大葱株选后杂交育成，1988年定名。该品种为短、粗、白类型。株高1～1.2米，假茎长40～42厘米、粗3～3.5厘米，叶片粗大，5～6片叶，单株重350～500克，最重可达750克。植株根系发达，吸收力强，长势壮。很适合春播，生长速度快，当年播种、移栽，当年便可收获。适合天津、北京、内蒙古、辽宁等地栽培。

(26) 五叶齐大葱 天津市宝坻区地方品种，天津市农作物品种审定委员会1987年认定。株高120～150厘米，葱白长35～50厘米，直径3～5厘米，单株重500～1000克。不分蘖，葱白肥大柔嫩，口味辛辣微甜，生、熟食皆佳。该品种因其生长期间始终保持五片绿叶，如手指张开状，叶片上冲，心叶两侧叶等高，故定名为“五叶齐”。五叶齐大葱耐寒、耐热、耐旱、耐涝性能强，具有不分蘖、抗风不倒、抗锈病、适应性强等特点。属中、晚熟品种。耐贮性强，是冬季食用干葱的最佳品种。生长迅速，产量高，亩产4000～6000千克。适宜东北和华北地区栽培。

(27) 六叶齐大葱 天津市地方品种，目前在天津市西青区及北京市多有种植。株高53厘米左右，分蘖中性，叶色浅绿，蜡粉较多，单株重110～120克。栽培期为3月上旬至7月中旬，耐寒、耐旱，抗病虫性中等，味辛辣，可生食，早熟品种。亩产4000千克左右。

(28) 双味葱 是一种既有葱香又有蒜辣的新品种大葱，是天津市宝坻区津宝葱蒜研究所所长陈光星教授经过近10年精心选育而成的。该品种叶片与大蒜相似，假茎（葱白）与大葱一般，其味既有葱香又有蒜辣，故称双味葱，获天津市科技进步奖。双味葱植株坚实挺拔，株高1.65～1.75米，假茎长70～75厘米、粗3～4厘米，叶片呈带状披针形，肥厚宽大，单叶互生。叶上部下垂随风摆动，具有较强的抗风能力。叶片蜡质层较厚，抗旱、抗病。葱白坚实挺拔、洁白脆嫩、质密坚实，干物质含量高，适于脱水加工。花薹断面圆形实心，较粗，亩产量5500～6000千克。既可作成葱栽培，又可作青苗和花薹生产，可四季供应市场。

(29) 郑研寒葱　河南省郑州市蔬菜研究所从日本宏太郎葱中经系统选育而成的耐低温、高产型大葱新品种。该品种生长势强，叶色深绿，蜡粉较多，葱白长40～60厘米，茎粗3～5厘米，单株重500～1000克。不易抽薹和分蘖，葱白细腻坚实，辣味较浓有香味，口感脆嫩爽口，商品性及产量均优于山东大葱，适合贮藏和运输，抗寒性强是其最大的优点。中原地区露地越冬种植，气温较高的地区可以保持2～4片叶不枯萎，春节前上市非常受市场欢迎。

郑研寒葱还有以下独特优点：植株抗寒性极强，可耐－15～－10℃低温，黄河以南地区可露地越冬，叶子不干；越冬不空心，葱白紧实不软；春节过后返青快，提前上市效益高。适宜反季节栽培。

(30) 春夏快葱　由河南省葱类胡萝卜研究所最新选育而成。该品种抗热耐寒，植株高1.2米左右，葱白粗2～3厘米、长40～60厘米，味道鲜美，抗逆性强，高产，亩产3000～6000千克，可在夏季播种，于翌年春季大葱淡季上市。

(31) 豫园寒葱　河南省农业科学院园艺研究所选育。中晚熟，耐寒，一般定植225天左右就可以收获。葱白长、均匀、紧实、耐贮放，叶色浓绿，表面有蜡粉。商品性较好，口味较浓，品质较好。株高110厘米左右，最大叶长75厘米左右，单株叶片数5～6片，假茎长45～50厘米、粗2.5～3.0厘米，假茎质量150克左右，单株质量200克左右。叶片开展度小，抗风能力较强。生长周期长，整齐性好，有较强的生长势，亩产量一般5000千克左右。在整个生长期间不分蘖。具有很强的抗寒性，在河南地区能够安全越冬。抗紫斑病、霜霉病、病毒病等。耐贮藏、耐运输。葱白较粗、较硬，耐贮存，适宜长途运输。

(32) 新葱6号 河南省新乡市农业科学院选育。株高140～165厘米，假茎长60～70厘米、横径3～4厘米，单株质量300克左右，一般每亩产量6000千克。叶绿色，叶片直立稍斜伸，功能叶5～6片，蜡粉中等，葱白坚实。田间对霜霉病、紫斑病、病毒病的抗性强于对照章丘大葱，抗倒伏。春、秋播皆宜，适合鲜食和冬贮。

(33) 濮葱3号 熟期较早，播后120天可以开始采收上市，220天左右达到最高产量。叶绿色，叶面蜡粉中等，整齐度高，口味较浓，品质上乘。株高110.3厘米左右，最大叶长71.05厘米，单株叶片数4.76个，假茎长45.26厘米、粗2.71厘米，假茎质量约200克，单株质量约250克。耐寒，耐旱，耐热，抗紫斑病、灰霉病、病毒病，抗倒伏。每亩产量3500千克左右。

(34) 绿秀 郑州市蔬菜研究所以“掖辐1号”

和“章丘大梧桐”提纯复壮后的典型株系为父母本，进行有性杂交，后代通过单株选择和系统选育培育而成的大葱新品种。株高110～120厘米，葱白长45～55厘米、粗2.5～3.5厘米，管状叶6～7片，叶片直立，叶色浓绿，蜡粉少，单株鲜重0.28～0.75千克，每亩产量5500千克以上。耐热性强，高抗紫斑病、霜霉病和病毒病，葱白洁白致密，辣味浓，风味佳，货架期长，耐贮藏。一年四季均可栽培，适合河南省及周边省份种植。

(35) 傲霜状元 该品种植株高大，叶间距长，株高160～180厘米，高者可达200厘米以上；葱白长80～100厘米，长者达120厘米，直径5～6厘米。生长速度快，高抗病、抗倒伏，抗寒性好，高产，推广前景广阔。每亩产量7500千克，丰产田可达10000千克以上。

(36) 唐葱6号 长势强，整齐度高，独根，不分蘖，不易抽薹；株高120厘米左右，平均葱白长50厘米，葱白茎粗（横径）2.5厘米左右，葱白紧实度强；单株鲜重0.2～0.3千克；耐贮藏，采收后80天和120天的干葱率分别达到80.62%和75.87%。高抗霜霉病和紫斑病。

(37) 平葱一号 株高110厘米，葱白长40厘米左右，横径3厘米左右，上下粗细均匀一致。叶色浓绿，叶数5～6片。3月中旬开始抽薹，同时儿芽开始萌发，3月下旬为抽薹盛期，儿芽进入萌发盛期，营养生长与生殖生长同步。4月中旬为开花盛期，伞状花序，小花数400朵左右，两性花，异花授粉。5月下旬种子成熟，果实为蒴果，种子三角形，种皮黑色、坚硬，千粒质量3克左右。为鲜葱和种子生产兼用型品种。平均单株质量0.3千克，最大单株质量0.5千克，生长速度特别快，平均日生长量1.5厘米，亩产鲜葱5000～6000千克。葱白上下粗细均匀，质脆肥嫩，粗纤维含量少，辛辣味适中。

（38）高葱1号 高葱1号株高145～165厘米，葱白长75～85厘米、横径3厘米左右，叶片数4～6片，单株鲜重0.3～0.5千克，每亩产量6000千克以上，田间表现对霜霉病的抗性优于对照玉田大葱，对紫斑病的抗性与对照玉田大葱相当。不易抽薹，抗倒伏。叶色浓绿，葱白甜脆肥嫩，含糖量高，品质佳，洁白细腻，葱白及嫩叶辣味均较淡，适于生食。独根，不分蘖，极少出现双葱。性喜凉爽，耐肥、水。

9. 短葱白类型大葱主要有哪些优良品种？

（1）平度老脖子葱 山东省平度市农家品种。株高80～90厘米，葱白长30厘米左右，叶数6个。叶形粗管状，叶色绿，叶面蜡粉中。单株重500克以上，味甜辣，香味浓。抗逆性强，产量高，一般亩产鲜葱4000～6000千克。

（2）吉祥快葱 是由掖选1号大葱经长期种植，并经多年定向系统选育而成的地方优良品种。株高100厘米，葱白长30～40厘米，茎粗3厘米左右，叶片数5～6片，单株重200～400克，亩产量5000千克以上。叶色浓绿，葱白甜脆肥嫩，洁白细腻，葱白及嫩叶辣味均较淡，适生食。独根不分蘖，极少出现双葱。性喜凉爽，耐肥、水，抗寒性强，返青早。早春植株抽薹后花苞还未充分长成时儿芽即萌发，迅速生长并很快超过生殖生长，从而形成产品器官。该品种最适于夏播冬栽春收，适于作反季节栽培。

(3) 沂水大葱 山东省沂水县农家品种。株高70厘米左右，葱白长25～30厘米，叶数6个。叶形粗管状，叶色深绿，叶面蜡粉中。单株重500克以上，辣味中，香味浓。一般亩产鲜葱5000千克以上。

(4) 寒丰快葱 寒丰快葱是山东省单县农作物良种研究所从众多大葱品种中经多年筛选培育出的一个适宜冬季栽培的优良大葱品种。株高80～90厘米，叶色浓绿，葱白长35厘米，肥嫩甜脆，适宜炒食、调味。早熟、抗寒、抗病、耐抽薹，冬季栽培不枯叶，能短期耐－16～－15℃的低温，长期忍耐－10℃以下低温。年后返青早，生长快，能迅速抢占春季市场。黄淮流域7月上旬至8月上旬育苗，10～11月份移栽，覆膜或小拱棚保护越冬，根据市场价格适时收获。

(5) 冬绿1号寒葱 冬绿1号寒葱是济南开发区金谷农牧科研所和单县科委联合，经多年筛选、反复鉴别培育出的一个适于冬栽春收的反季节大葱新品种。具有极好的适应性，抗寒、早熟、抗病、耐抽薹，冬季栽培不枯叶。一般亩产鲜葱4000～5000千克，在蔬菜淡季上市，填补了大葱的市场空缺，市场效益好，经济效益也较高。

(6) 河北深泽对叶葱 河北省深泽县农家品种，株高70～80厘米，葱白长30～35厘米。葱叶相对生长，叶形粗管状，叶色深绿，叶面蜡粉中。单株重120～130克，风味浓。亩产鲜葱3000千克以上。

(7) 哈大葱一号 哈尔滨市农业科学研究所大葱课题组选育而成，是黑龙江省第一个审定的大葱新品种。该品种株高为100～105厘米，假茎长35～40厘米、粗3.2～3.4厘米，平均单株重400克左右，叶色浓绿，蜡粉多，叶距短，在收获时有5～6片粗管状叶，抗病、抗倒伏、不分蘖，外观商品性好，丰产，亩产可达4000千克以上。它既可育“白露”苗作两年栽培，又可以进行春育苗夏栽秋收，实现大葱的一年生产。本品种非常适于鲜食青葱生产，适宜黑龙江省各地春播育苗，夏栽秋收。

(8) 宝鸡黑葱 陕西省宝鸡市农家品种。株高80厘米，葱白长27厘米。叶形粗管状，叶色深绿，叶面蜡粉中。单株重300～350克，品质脆嫩，香味浓郁，生、熟食皆宜。既可栽培大葱也可作小葱栽培，是青葱栽培的理想品种。

(9) 西安竹节葱 株高50～60厘米，葱白长40厘米，单株重250～400克，耐寒性强，不易倒伏，品质好。

(10) 岐山石葱 陕西省岐山区农家品种。株高100厘米，葱白长35厘米，茎粗2厘米，单株重300

克。叶形细管状，叶色深绿，叶面蜡粉少。质地密实，味辛辣，香味浓。

(11) 安宁大葱　云南省昆明市地方品种，栽培历史悠久。葱白长25～30厘米、横径2～3厘米，单株重100～300克。抗逆性强，春、秋两季均可栽培，春季播种的6～7月间定植，培土2次，春节上市，亩产量5000千克左右；秋季10月中下旬播种的，第二年3～4月份定植，培土2～3次，国庆节以后上市，亩产量6000～6600千克。适宜沙壤土栽培。

(12) 赤玉　从日本引进。株高70～75厘米，葱白长20～25厘米，横径为1.5～2厘米。叶色浓绿，叶肉厚，表面蜡粉多，叶片上冲、紧凑。叶鞘外皮呈特有的朱紫色，外形非常美观。根系发达，长势旺盛。

(13) 东京夏黑长葱　耐热性好，早熟性强，茎部直立，株型紧凑，产量高，抗病性强；植株生长旺盛，叶色浓绿，折叶现象极少，生长整齐；假茎长40厘米以上、粗2.0～2.5厘米，葱白纯白色，光滑有光泽，上下粗细均匀，品质脆嫩，美味可口。生长期短，可反季节栽培，在兴文县春种从移栽到收获只需90天左右。耐贮运，亩产量3000～4000千克。

(14) 东京冬黑2号　极晚抽薹品种。耐热、耐寒，抗病虫害，直立性好，叶挺括，叶色黑绿，蜡粉厚，抽薹时间华中地区为5月中下旬，比一般品种晚抽薹一个月。畦栽或沟栽均可，亩产量5000～8000千克。

10. 鸡腿葱类型大葱主要有哪些品种？

(1) 隆尧鸡腿葱 河北省隆尧县地方优良品种。株高80～100厘米，直立不分蘖，葱白长20～25厘米，葱白上细下粗呈鸡腿状，葱白横径5.8厘米，单株重400～500克。叶形短粗管状，叶色深绿，叶面蜡粉较少。假茎洁白光亮，质地细密，以头大、色白、肉厚、味香而闻名，远销京、津、晋、鲁、豫等地。亩产量可达5000千克以上。适应性强，生长旺盛，耐贮性好。

(2) 隆尧长白鸡腿葱 又称“901”鸡腿大葱，隆尧县大葱研究所用隆尧鸡腿大葱和山东章丘大葱进行杂交选育成的鸡腿大葱新品种。其主要特点是葱头大、葱白长、辣香浓郁、产量高、品质好。大葱株高80～100厘米，葱白长28～33厘米，基部横径5～8厘米，单株重600～800克，葱白所占比重为55%，亩产4000～5000千克，高产可达7500千克，耐贮性好，干葱率为63%～65%。

(3) 河北对叶葱 河北省地方品种。株高60厘米左右，葱白长20～25厘米、横径4～5厘米，单株重500克。管状叶粗，对生，假茎基部膨大。味甜稍辣，生、熟食均宜。适宜华北地区栽培。

(4) 莱芜鸡腿葱 山东省莱芜市农家品种。株高60～70厘米，葱白长26～30厘米，茎部膨大，横径约4.5厘米，上部渐细，且稍有弯曲，形状似鸡腿而得名。葱白淡绿色，叶数 5 个。叶形粗管状，叶色绿，叶面蜡粉中。单株重 250～500 克。味辛辣，香味浓，耐贮藏，生、熟食俱佳。生长势较强，亩产鲜葱 3000～4000 千克，最高达 5000 千克。

(5) 寿光鸡腿葱 山东省寿光市短葱白类型地方品种。已通过山东省品种审定。植株短粗茁壮，株高 90～100 厘米，分蘖力极弱。叶短粗管状，稍弯，叶面覆盖蜡粉，深绿色，单株有功能叶 5～6 片，叶肉肥厚，叶尖较钝，叶排列紧密。葱白上部略细，浅绿色；下部较粗大，白色。葱白长 25～30 厘米、基部粗 3.3～6.5 厘米，略弯曲，形似鸡腿，单株重 250～750 克，最大重 1000 克，辛辣味浓，质地细密、紧实、洁白，品质佳，宜熟食及做馅用。定植至收获需 110～140 天。耐寒性强。亩产 5000 千克左右。

(6) 莱葱一号 莱芜市农业科学研究院选育。具有较好的丰产性、耐寒性、抗病性和耐贮性。其假茎膨大系数为 1.20～1.40，外部形态呈典型的“鸡腿状”，辣味浓郁，性状稳定，既保持了传统莱芜鸡腿葱的典型外部形态特征和优良的风味品质，又克服了传统品种丰产性差的不足，亩产量平均可达 4350.60 千克，具有很高的推广应用价值，是目前莱芜鸡腿葱生产中的首选品种。

(7) 汉沽独根葱 天津市汉沽区农家品种。株高 60 厘米左右，葱白长 25～30 厘米，基部膨大，横径 4.5 厘米，向上渐细，且稍有弯曲，形似鸡腿。8～9 片叶，叶形中管状，叶色深绿，叶面蜡粉多。单株重

150 克左右。葱白肉质细密，辛辣味浓，品质佳。抗病，耐贮藏，亩产鲜葱 2000～3000 千克。

(8) 银川大头葱 宁夏银川市农家品种。株高 60 厘米，葱白长 20 厘米，葱白呈鸡腿形，浅绿色。叶中管状深、绿色，叶面蜡粉少。单株重 350 克左右，味辛辣，香味浓。

(9) 新葱 5 号 河南省新乡市农业科学院选育。株高 95～100 厘米，葱白长 35～40 厘米，底茎粗 6～7 厘米，中茎粗 2.5～3.0 厘米，叶片深绿色，生长期功能叶 6～8 片，表面蜡质中等，叶片直立，抗倒伏性好，田间调查结果表明其抗病毒病、紫斑病、霜霉病，低温下不早衰。口感嫩香，生、熟食俱佳，一般每亩产量 5000 千克左右，是适合作冬贮葱栽培的优质鸡腿大葱。

11. 分蘖大葱主要有哪些类型？

(1) 青岛分葱 青岛市农家品种。株高 50～60 厘米，葱白长 15～20 厘米、横径 1 厘米左右。单株重 100～150 克。叶形细管状，叶色绿，叶面蜡粉少。味较辣，香味浓，品质好，生、熟食皆宜。分蘖性强，每株分蘖 2～3 个，开花期也能分蘖，可用种子繁殖，也可采取分株繁殖。主要用于春夏季栽培。多采用畦作密植栽培，亩产鲜葱 2000～3000 千克。

(2) 临泉大葱 又称黄岭大葱、大白皮、经霜葱，安徽省临泉县的农家品种。曾是安徽有名的特产品种。株高110厘米左右，葱白长40厘米左右、横径1～3厘米。分蘖力中等，一般有4个分蘖，管状叶较粗、翠绿色。假茎肥嫩洁白，味香、甜辣，品质优良。该品种适应性强，耐寒、耐热、耐旱、抗病、耐贮藏。冬季管状叶不易枯萎，越冷越绿越肥大。一般在夏季播种，生长期210天左右，每亩产量3000千克左右，高产可达4000千克。

(3) 包头四六枝大葱 内蒙古自治区包头市农家品种，因一般有4～6个分蘖而得名。株高60～70厘米，单株重200克左右。叶形细管状，浅绿色，蜡粉多。葱白扁圆形，洁白色，风味中等。

(4) 重庆角葱 重庆市农家品种。株高75～80厘米，葱白长15～20厘米。叶粗管状，绿色，蜡粉多。葱白圆筒形，洁白，香味浓。当地全年栽培。

(5) 泰州朱葱 江苏省泰州市农家品种。分蘖性强，一般分蘖20个左右。株高40厘米，葱白长10厘米左右，单株重50克左右。叶细管状，深绿色，叶面蜡粉多。葱白圆筒形，绿白色。当地多在9月下旬至10月下旬栽植，12月中旬至翌年1月份收获。

12. 我国从日本引进了哪些大葱优良品种？

近年来引进栽培的日本大葱品种主要有元藏、吉藏、佳宝、天光一本、夏宝、天竹一本等。

(1) 元藏大葱 深绿色，葱白紧实，最适合日本市场需求的大葱。叶片直立，粗壮，葱白部分和叶鞘的颈部紧实。葱白部分粗长，收获量多。耐寒性、耐热性皆强，可以秋、春季播种，周年栽培。根系较发达，耐旱性很强，容易栽培。对叶锈病抗性强，对其他病害抗性亦佳。

（2）超级元藏大葱 叶直立，深绿色，颈部紧实极好，株型优美，生长旺盛，耐寒性、耐热性皆强，叶鞘部分肥大，可以密植栽培。成品率高，丰产。抗病性强，容易栽培。

（3）吉藏大葱 经过长期选拔出来的夏秋收获品种。叶鞘的颈部紧，耐热，均一，分叶少，有光泽。质柔软，口味佳，葱白粗长。与其他夏季大葱相比耐热性、抗病性强，栽培容易。

（4）天光一本大葱（F1） 耐热、耐寒、抗病性强。夏、秋、冬季都可以收获。长势旺盛，生长快，丰产性好。叶深绿色，直立，不易折叶。叶鞘的基部紧实，成品率高，品质优良。葱白部分有光泽，纯白，紧实，口味佳。对锈病、霜霉病、黑斑病、菌核病抗性强。

（5）长宝大葱 耐热性、耐寒性极强，高温季节同样生长旺盛，是易栽培的夏秋至秋冬收获的优良品种。根系比其他品种更发达，长势旺盛，抗锈病、霜霉病，在冬季低温条件下，叶片褪色、黄化现象不易发生。叶鞘部紧实，有光泽，葱白长 40 厘米以上，且整齐度好，叶片稍短、浓绿，不易折叶。

（6）佳宝大葱 耐热性、耐寒性强的黑柄系品种。叶子直立，浓绿色，不易被风折断。叶鞘基部紧实，葱白部分有光泽，均匀好看，紧实，口味佳，品质好，加工成品率高。容易栽培，根系发育快。夏季高温时生长旺盛，冬季低温时变黄叶子较少，耐锈病、霜霉病、黑斑病能力较强。适宜夏秋到秋冬季节收获。

(7) 夏宝大葱　耐热、耐寒性强，生长旺盛，叶色浓绿，不易折叶，抗叶锈病、病毒病，是市场及加工出口的首选夏季大葱品种。

(8) 天竹一本大葱　耐热、耐寒、抗病性强，生长速度快的丰产性品种。叶深绿色，直立不易折叶。叶鞘的基部紧实，品质优良。葱白部有光泽，纯白色。对锈病、霜霉病、黑斑病、白绢病抗性强。

(9) 长腾大葱　夏秋收获的大葱，品质好，葱白生长快，丰产。春播4～6月播种，秋播8～10月播种。

(10) 雄浑大葱　叶短、叶肉厚，浓绿色，叶鞘部紧实，叶直立，不易折叶。长势快，抗病性强，耐热、抗寒性强。葱白长、粗而紧实。适宜春、秋播种，夏秋收获。出口保鲜专用品种。

(11) 长悦大葱　晚抽薹，耐热、耐寒性强，通过调整播期可周年供应。葱白长40厘米，折叶少，适合密植。

(12) 吉祥大葱　耐热、耐寒性强。早生、丰产优良品种。叶色浓绿，折叶少，长势强。葱白长45厘米以上、横径2.5厘米，葱白纯白色，有光泽。抗病性强。

(13) 九条太 耐寒性强，不易抽薹，多作为冬葱利用。株高60厘米左右，3～4个分蘖，叶色浓绿、柔嫩芳香，肉厚，富含香气，品质佳，葱白部较长，为葱白、葱叶兼用种。

(14) 宝藏大葱 叶色浓绿，不易折叶，直立性强，生长旺盛，根系扩展快。耐旱、抗高温性好，耐寒、耐热，抗叶锈病。叶鞘部紧凑，葱白光滑紧实，商品性优良，高产。是出口加工专用品种。

(15) 春味大葱 植株直立，较高。长势旺盛，不易被风折叶，可以密植栽培，抽薹晚，耐低温。叶鲜绿色，叶鞘部生长快，葱白部紧实。栽培适期：上海地区4～5月播种，10月至翌年3月收获；山东地区10月（国庆节开始）播种，翌年5～7月收获，大棚栽培。

(16) 西田大葱 株高80厘米，有分蘖，叶色深绿，叶片较细，蜡粉多。叶片上冲、紧凑，抗风性强，单株重350～500克，耐寒性特强，抗病虫性极强，栽培时间为3月上旬至11月上中旬，味辛辣，熟食尤佳。耐贮运，属晚熟品种，亩产3000～4000千克。

(17) 高原一品大葱 叶浓绿色，紧实度高。耐寒性、耐热性强，秋春栽培。抗叶锈病、黑斑病，耐抽薹。春、夏、秋、冬均可收获。

(18) 玉郡直树大葱 叶子直立，深绿色，叶鞘基部紧实，耐热、耐寒，收获方便。生长势旺，成品率高，易栽培。葱白部有光泽，纯白，紧实，口味佳，适合加工及保鲜出口。对黑斑病、锈病、霜霉病、菌核病抗性强。

(19) 天元大葱　耐热性、耐病性强的黑柄系品种。叶子直立、绿色，叶鞘基部紧实，葱白部分有光泽，均匀好看。品质好，口味佳。根系发育快，容易栽培，适宜夏、秋季收获，特别在夏季高温条件下仍然生长良好。山东地区最佳收获期为7～9月份。

(20) 福田大葱　耐热，耐寒，高温下生长旺盛，栽培容易。整齐度好，叶鞘部紧实，叶长浓绿，不易折断。根系发达，长势强，高抗锈病、霜霉病。低温条件下，叶不易褪色、变黄。

(21) 白树大葱　生长旺盛，耐寒性强，兼有耐热、抗病性，栽培容易，最适秋冬收获。葱白紧实，肉质致密，纤维细，口味佳，商品性高。

(22) 元宝大葱　抗热、抗寒性强，适于多种茬口栽培的优良大葱品种。植株直立，不易折叶，株型紧凑，容易栽培。如遇长时期降雨和台风时期，要注意排水，防止伤根。

(23) 一本秀F1大葱　品种整齐度高，播种期幅度大的杂种一代大葱，兼具耐寒、耐热性，抗逆性强，生长旺盛，根系发达，栽培容易，品质优良，葱白结实光亮，叶片直立性好，不易折叶，产量高。

(24) 极晚抽一本大葱　耐热、耐寒性强，耐抽薹优良品种。晚春至初夏不易抽薹，通过调整播期能实现周年上市。品种整齐度高，葱白长40～45厘米，有光泽，叶鞘紧实，口味好。叶片厚实，可密植栽培。

(25) 九条太葱F1 从日本引进的专用脱水加工及保鲜出口的大葱品种。该品种为分葱，主要用于4月至5月上旬脱水加工。因此期其他品种返青慢，易抽薹，且抽薹后薹质硬，加工出的干品口感较差，而九条太葱越冬后返青快，生长快，产量高，叶茎比高[一般可达(7∶3)～(8∶2)]，脱水加工后的干品香味浓，品质好。4月下旬至5月上旬抽薹，薹质较软，一般每亩产量可达8000～10000千克。该品种自1995年在开封市及周边地区种植成功以来，一直受到农民朋友及脱水蔬菜加工企业的青睐。

(26) 宏太郎葱F1 从日本引进的专用脱水加工及保鲜出口的大葱品种。该品种耐热、耐寒，抗病虫害，直立性好，叶挺括，叶色深绿，叶鞘部紧实，不易夹带异物。一般每亩产量可达5000～8000千克，适宜温室、大棚、拱棚和露地种植。四季均能栽培加工，脱水加工干品率为7%～9%，加工出的干品色泽翠绿，香气浓郁。该品种自1995年在开封市及周边地区种植以来，已累计推广种植1.33万公顷。

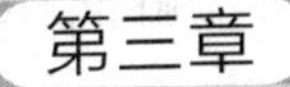

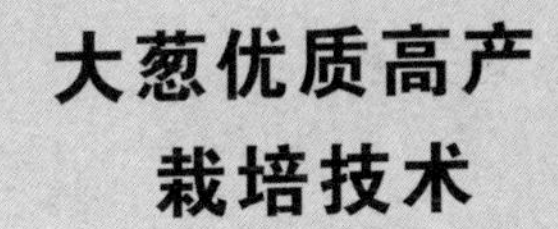

1. 大葱为何要进行轮作？

大葱忌重茬，重茬地种植生长势弱，产量低，病虫害严重。最好进行3～4年与非葱蒜类作物的轮作。由于大葱行距较大，植株直立生长，有一定的耐阴性，大葱的根际还能产生抗菌微生物，可将大葱同蔬菜等作物间作、混作或轮作，能有效阻止病原菌繁殖，降低土壤中已有病原菌的密度，从而给土壤消毒。

大葱可与瓜类、豆类、叶菜类或粮食作物轮作。在京津冀鲁地区反季节大葱种植时，大葱可以与胡萝卜、甜叶菊轮作的模式种植。大葱耐阴，可和其他蔬菜作物行间套作，如葱秧的畦埂可套种早豌豆、早甘蓝、苤蓝等，茄子行间可套作大葱，并可与番茄、冬瓜、白菜等隔畦间作。由于大葱栽培中需要进行培土软化，所以在与其他蔬菜间套作时，应处理好间套作与培土的关系。

2. 大葱如何实现周年生产？

大葱对环境条件的适应能力强，小苗可以安全越冬，炎夏不休眠，且无固定的采收标准。其产品贮藏保鲜容易，供应时间长。越冬和贮藏期的成株与半成株大葱在适宜的温度和水分条件下可以生长。因此，利用露地和保护地栽培相结合的栽培形式，采取分期播种，可以实现大葱的周年供应，满足不同的消费层次、方式和出口的需要。大葱栽培一般为秋播，翌年夏栽冬收。也可春播，春播时当年冬季可收大葱，但产量较低。

露地栽培可以根据各地适宜季节播种定植；保护地栽培可在冬季利用日光温室，早春和晚秋利用大、中棚，夏季利用遮阳网等设施进行栽培。在不适宜大葱生长的季节采取多种方式改善生产环境，促其生长发育。目前大葱周年生产与供应的主要茬次有：冬用大葱栽培、大葱秋延迟栽培、大葱越冬栽培和大葱越夏栽培等。

华北地区大葱周年栽培期和大葱栽培主要茬次见表 3-1 和表 3-2。

表 3-1　华北地区大葱周年栽培期

茬口	播种期	定植期	收获期
露地春葱	8 月下旬至 9 月上旬		4 月下旬至 5 月上旬
风障大葱	9 月上旬至 9 月下旬	—	3～4 月
伏葱	7 月中下旬	10 月下旬	5 月下旬至 6 月上旬
秋大葱	8 月下旬至 9 月下旬	5 月上旬至 6 月下旬	10 月下旬至 11 月上旬
春大葱	3 月上旬至 3 月下旬	5 月下旬至 6 月下旬	10 月下旬至 11 月上旬

表 3-2　华北地区大葱栽培主要茬次（河北邯郸）

栽培形式	播种期	定植期	收获期	备注
冬用大葱栽培（干葱）	9 月中旬至 10 月上旬 3 月中旬至 4 月上旬	6 月中下旬	10 月下旬至 11 月上旬	秋播育苗 春播育苗
大葱秋延迟栽培	5 月中下旬	7 月下旬至 8 月上旬	11～12 月	保护地栽培
大葱越冬栽培	10 月下旬	1 月下旬	4～5 月	保护地栽培
大葱越夏栽培	1 月下旬至 2 月中旬	4 月下旬	7 月中旬至 8 月中旬	遮阳网栽培

3. 冬葱栽培生育期如何安排？

在我国北方地区，葱多数为秋季播种育苗，第二年夏季定植，入冬后收获、贮藏、供应。南方温暖地区可春播或秋播，入冬收获。这种栽培方式的大葱产量高，品质好，经贮藏可供应整个冬季。但是，冬大葱需在一定气候条件下栽培，才能形成粗壮质优的葱白，同时考虑先期抽薹问题，因此对栽培季节的要求比较严格。

4. 冬葱栽培如何选择适宜品种？

冬葱栽培的产品产量主要由葱白构成。因此，冬葱栽培对品种选择的基本要求是选用葱白产量高、耐贮藏的大葱类型与品种。普通大葱中的长葱白类型、短葱白类型和鸡腿葱类型均可用于冬葱栽培。长葱白类型大葱产量高，品质脆嫩，商品性好，是目前冬葱栽培的主要品种类型，但耐贮性差，不宜长期贮存；短葱白类型耐贮性优于长葱白类型品种，但产量低，栽培面积偏小；鸡腿葱类型品种葱白干物质含量高，香辣味浓，是用于熟食的较为理想的品种类型，耐贮存，非常适合冬葱栽培。在品种选择时，应根据当地的栽培与消费习惯，选用适宜当地气候条件、适销对路、优质、抗病、高产、耐贮的优良品种。如河北省多选择章丘大葱、隆尧大葱、海阳大葱等。

5. 冬葱栽培对播种期有何要求？

冬葱栽培根据生产地区的不同，有露地秋播育苗和露地春播育苗。

秋播育苗，适播期必须严格掌握。播种偏早，幼苗冬前生长量过大，越冬期植株易通过低温春化，翌年春季易发生先期抽薹现象；播种过晚，越冬期幼苗过小，易死苗。为防止春季发生先期抽薹，各地秋播要严格掌握越冬前幼苗大小不超过 3 片真叶，株高 10

厘米左右、茎粗4毫米以下，即出苗后有效生长期（日平均气温7℃以上）不超过40天。各地秋播的适宜时间为日平均气温降到16.5～17℃时，这与小麦的适播期基本一致。如在山东大葱产区，黄河以北需秋播，泰山以南宜春播。章丘大葱秋季播期为9月25日至10月5日，在河北的大葱产区秋播在9月中旬至10月上旬。

在早春暖得早，冬季冷得迟，适宜生长期较长的地区可采用春播育苗。由于春播没有先期抽薹的威胁，而且育苗期短，春播育苗时宜早播，只要土壤解冻即可播种，10厘米地温稳定在7℃以上便能发芽生长。春播育苗一般在3月份播种，在章丘产区宜在3月上中旬播种，4月初出苗。河北省春播在3月中旬至4月上旬。

我国北方主要地区露地大葱（冬葱）栽培期见表3-3。

表3-3　我国北方主要地区露地大葱（冬葱）栽培期

地区	播种期	定植期	收获期	主要品种
北京	9月中旬	5～6月	10月下旬至11月上旬	高脚白
石家庄	9月中旬	6月上中旬	10月下旬至11月上旬	章丘大葱、隆尧大葱、海阳大葱
济南	9月下旬或3月上旬	6月下旬至7月上旬	11月上中旬	章丘大葱
郑州	9月下旬或3月上旬	6月上旬至6月下旬	10月上旬至11月中旬	章丘大葱
西安	9月下旬或3月中旬	6月下旬至7月上旬	10月中下旬	华县谷葱、梧桐葱

续表

地区	播种期	定植期	收获期	主要品种
太原	9月中旬	6月下旬至7月上旬	10月中下旬	海阳大葱
沈阳	9月上旬	5月上旬至6月中旬	10月上中旬	
长春	8月下旬	6月上中旬	10月上中旬	
哈尔滨	9月上中旬	5月下旬至6月上旬	10月中旬	章丘梧桐大葱、海阳大葱
乌鲁木齐	8月下旬至9月上旬	6月中旬	10月中下旬	
呼和浩特	9月上旬	6月中旬	10月上旬	

6. 冬葱秋播育苗如何准备苗床？

秋播一般采用露地育苗。大葱忌连作，大葱苗床宜选地势平坦、排灌方便、土质肥沃、近三年未种过葱蒜类蔬菜的地块。结合整地每亩施腐熟有机肥6000～8000千克、磷酸二铵20千克。浅耕细耙，整平做畦。根据水源条件和地形确定育苗畦的长度，宽度一般为1米，易于操作。畦埂底宽25厘米、高10厘米，踩实劈直。大葱苗床与大田栽培面积的比例一般为1∶(7～10)。

7. 冬葱秋播育苗对种子质量有何要求？

大葱种子贮存寿命较短，应选用当年的新种子，播前要测定种子发芽率，以便确定播种量。要求品种纯度≥85%，种子净度≥95%，种子发芽率≥75%，种子含水量≤10%。

大葱种子发芽试验的方法是数种子100粒，经自然温度的冷水浸泡吸胀后，播在吸水纸或纱布发芽床上，在18～25℃条件下进行发芽试验，统计发芽率。12天内发芽种子的百分数为发芽率，原种和一级良种应不低于93%，二级良种不低于85%，三级良种不低于75%。发芽率低于50%的种子不能在生产上使用，发芽率达不到二级良种标准的种子可酌情加大播种量使用。

使用发芽率80%左右的种子，播种量以每亩地苗床2～2.5千克为宜。根据品种特性、播种季节、种子发芽率、土壤性状等条件确定适宜的播种量。

播种前进行浸种消毒。方法一，用40%甲醛300倍液浸种3小时，浸后用清水冲净，可预防紫斑病；方法二，用0.2%高锰酸钾溶液浸种25～30分钟，捞出洗净晾干后播种，可杀死种子表面的病原菌；方法三，用3倍于种子量的65℃温水烫种25分钟，不断搅拌。经浸种后的种子可提前1～2天出苗。

8. 冬葱秋播育苗如何进行播种？

河北大葱传统播种方法是湿播，即先浇足底水，水渗后将种子均匀撒播于床面。为了使种子撒播均匀，播前可将种子按1∶5的比例掺入草木灰或干净细土，混合均匀后再播种。播完后用邻畦细土覆盖种子。覆土厚度 0.8～1.0 厘米。

也有采用干播法，即顺畦开浅沟，宽 12～15 厘米，种子条播沟内，然后整平畦面使种子埋入土中 1～1.5 厘米深，如墒情不好，播后随即浇水。

不论干播或湿播，播后应覆盖遮阳网或草帘，防雨防晒。温度低时可铺地膜，有利于早出苗，出全苗。

控制杂草：在播种后出苗前，用 33%二甲戊灵（除草通）乳油每亩 150 克，兑水 30～50 千克喷洒床面。具体施用方法参考“第六章　葱病虫草害防治技术”。

9. 冬葱秋播育苗播种后如何进行管理？

（1）幼苗的冬前期管理　覆盖地膜的，苗出齐后及时撤除，保持土壤见干见湿，适当控制水、肥，以幼苗株高 8～10 厘米，三片叶时越冬为最佳。上冻前浇一次冻水。在寒冷地区，为确保葱苗安全越冬，在畦面见冻时，可在畦面覆盖一层腐熟马粪或农家肥或碎草等防寒。

（2）幼苗春季管理　第二年春季土壤解冻后及时浇返青水，幼苗返青后结合浇水每亩追施氮肥（N）4 千克（折合尿素 8.7 千克），促进幼苗生长。幼苗返青后及时拔除杂草，间拔过密的弱苗，5 月初进入旺盛生长期进行第二次间苗，苗距 3～4 厘米见方。葱苗进入旺盛生长期，要多浇水，促进葱苗大小和重量加速增长，此期间土壤相对湿度不要低于 80%。后期应注意控水，以防幼苗徒长、倒伏，定植前 7～10 天停止浇水。注意喷药杀灭葱蓟马等害虫，具体施用方法参考“第六章　葱病虫草害防治技术”。

(3) 春播幼苗期的管理　春播育苗苗期短，以促进幼苗生长为主，尽量满足肥、水要求，肥、水齐攻，但应以苗情长势而进行促控调整，既要尽量增加幼苗的生长量，又要防止葱苗生长过快而造成徒长和倒伏。

播种后可覆盖地膜，保温保湿，幼苗出土后及时撤膜，随着天气变暖，加强水、肥管理，保持土壤湿润，结合浇水每亩追施氮肥（N）4 千克。注意不可用碳酸铵作追肥，以免烧坏葱叶。及时间苗和除草。定植前 10～15 天要控制浇水。

壮苗标准：株高 30～40 厘米，6～7 片叶，茎粗 1.0～1.5 厘米，无分蘖，无病虫害。

10. 冬葱栽培对定植期有何要求？

大葱定植越晚，葱白形成期越短，产量越低。定植期过晚还可能引起秧苗徒长，定植时又值高温雨季，栽后也不易缓苗。因此，在条件许可的情况下，大葱应尽早定植。为了使植株和假茎充分生长，温暖地区其有效生长时间不应少于 110 天（包括定植后缓苗期），寒冷地区保证在停止生长前（日平均气温 7℃）有 130 天以上的生长时间。大葱的定植时期一般在芒种至小暑之间。河北省大葱产区冬贮大葱的定植期为6月中下旬；章丘大葱集中的产区，冬贮大葱的定植期为6月中旬至7月初。

11. 冬葱栽培定植前如何进行施肥和整地做畦？

① 选地　前茬为非葱蒜类蔬菜。大葱忌连作，在重茬地上生长弱，产量低，病虫害严重，应实行3～4年轮作，与小麦实行至少两年以上的轮作。前茬可选择小麦、大麦、豌豆等粮食作物，或春甘蓝、越冬莴笋等蔬菜。并选用肥、水条件好的壤土地。

② 施肥、整地　大葱栽植，多采取沟栽。为防止葱沟坍塌，前茬作物收获后不翻耕。按行（沟）距要求进行开沟。定植沟宜南北向，葱株受光条件好，抗南北风能力提高。

栽植沟的深度和沟（行）距应根据产品要求和品种特性确定。

开沟深度＝葱白长度－培土高度－1/4葱白长度

1/4葱白长度是培土以上、葱叶五叉股以下的葱白部分。开沟前要首先了解所选用大葱品种的一般葱白长度。适宜行距的标准为1.5倍葱白长度。培土时取土宽度应为行距的1/3，深度为开沟深度的1/2，这样既不影响根系生长，又能满足培土时用土的需要。

沟（行）距一般为70～100厘米。定植沟宽30～

50 厘米，沟底宽 15 厘米左右，背宜宽，沟深为原地平面以下 30～50 厘米。在中等肥力条件下，开好沟后在沟底每亩施腐熟优质有机肥 4000 千克（以优质腐熟猪厩肥为例），氮肥（N）3 千克（折合尿素 6.5 千克），磷肥（P_2O_5）5 千克（折合过磷酸钙 42 千克），钾肥（K_2O）5 千克（折合硫酸钾 10 千克）。以含硫肥料为好。刨翻沟底，使肥、土混合均匀。在蛴螬等地下害虫多的地区，可在沟中撒毒饵防治。

12. 冬葱栽培定植前如何起苗和分级?

起苗前 2～3 天要浇透水，以利起苗。大葱定植适宜的苗态是株高 30～40 厘米、假茎粗 1 厘米左右、绿色叶 6 片以上。但是同一苗床的秧苗往往有大有小，大小苗混在一起，定植后不利于管理。因此，定植前结合起苗进行秧苗分级十分必要。起苗时抖净泥土，葱苗挖出后，选具有该品种典型性状的壮苗，剔除杂苗、弱小苗和病残苗，按大、中、小苗分开定植，使以后的生长均匀而便于管理。挖苗分苗时注意检查有无葱蝇为害。若有为害，重者应剔除，对轻微受害和无症状苗，用 800 倍乐果药液浸泡假茎及根部 10～15 分钟。要随起苗，随分级、随运随栽。当天栽不完的秧苗要在阴凉处存放，根朝下立放，不可堆垛，以免因呼吸放热烂苗。需要长途运输的秧苗要按级扎捆，运输中避免强光直射。

13. 冬葱栽培适宜定植密度是多少？

大葱株型紧凑而直立，适合密植，合理密植是实现高产、优质的重要措施。合理密植必须根据大葱的品种特征、土壤肥力、秧苗大小以及栽植时间的早晚而定。一般短葱白型品种每亩栽植 20000～30000 株，长葱白型大葱每亩栽植 18000～20000 株，株距 4～6 厘米，定植早的可适当稀一些，定植晚的可适当密一些；大苗适当稀植，小苗适当密植。

14. 冬葱栽培如何进行定植？

大葱栽植方法有干插法和湿插法两种。河北传统栽法是干插法，章丘传统栽法是湿插法。

干插法又叫排葱法，栽植短葱白类型多用干插法。在开好的葱沟内，把葱苗按株距排在沟壁上，把幼苗基部稍压入土中，然后覆土，深度以不埋住五叉股为宜，用脚踩实，然后顺沟浇水，这种方法移植快、用工少，但葱白易弯曲。

湿插法又称插葱法，栽植长葱白类型的大葱时多用湿插法。定植沟内先浇透水，待水渗完趁湿插栽葱苗。插法是一手拿葱苗，把根部放到定植处，一手持带扁头的小木棍或葱杈，用木棍下端压住葱根垂直下插，使假茎基部深入沟底以下 7 厘米左右。当插葱苗插下葱杈子从沟中拔出时，闪出 1 个孔眼即葱眼，要保留，利于根系和葱白通风透气，任其风吹日晒，即称晒葱眼。中等葱苗（单株葱苗重 40 克）适宜株距 5 厘米左右，每亩不少于 18000 棵。这种栽法假茎上下垂直不弯曲，将来产品美观，见图 3-1。

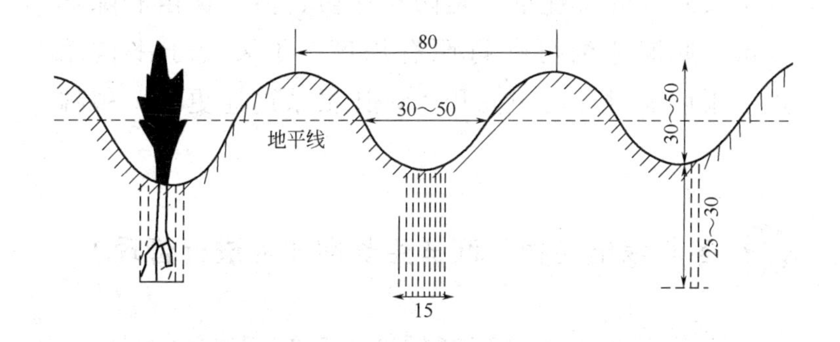

图 3-1　大葱定植示意图（单位：厘米）

（崔连伟，2009）

不论用哪种方法，栽植深度应掌握“上齐下不齐”的原则，葱苗以露心为度，覆土在外叶分叉处，过浅容易倒伏，不便培土，长成弯葱，尤其是干栽灌水后倒苗严重；过深不便缓苗，易窒息不旺，甚至腐烂。栽植时应使葱叶展开方向与行向呈 45°角，并且所有植株的叶朝向相同的方向，有利于密植和管理。

15. 冬葱栽培定植后缓苗越夏期如何进行管理？

大葱定植后，经过缓苗越夏、秋季旺盛生长、假茎充实几个生长阶段。

缓苗期一般15天左右，缓苗后，天气逐渐进入炎热夏季，植株处于半休眠状态，生长仍很缓慢。此时，其耐高温、耐旱能力，远比耐水浸涝能力强得多。所以此期宁旱勿涝，一般不浇水，中耕保墒，这一生长阶段的管理重点是防涝保苗、治虫保苗和除草保苗。此期葱沟可保持原有深度，不要急于平沟培土。雨后及时排出田间积水，让根系迅速更新、植株返青。

16. 冬葱栽培定植后旺盛生长期如何进行管理？

立秋以后，天气逐渐转凉，昼夜温差越来越大，温度越来越适合大葱生长，大葱进入旺盛生长期。此期管理的主要任务是：浇水、追肥、培土和病虫害防治。

(1) 肥、水管理 进入8月份，大葱开始旺盛生长，要保持土壤湿润，逐渐增加浇水次数和加大水量，在立秋至白露期间，浇水的原则是“轻浇、早晚浇”，结合浇水追施“攻叶肥”，追肥品种以尿素、硫酸铵为主；结合浇水，分别于立秋、白露两个节气进行施肥，每亩追施氮肥（N）4千克（折合尿素8.7千克），以促进叶部快速发育。白露以后，天气凉爽，昼夜温差加大，大葱进入了葱白形成时期，也是肥、水管理的关键时期，在白露至秋分，追肥以速效性氮肥为主，以尿素为好，每亩施20千克左右为宜，增施硫酸钾15千克。浇水的原则是“勤浇、重浇”，经常保持土壤湿润，以满足葱白的生长需要。生长中后期还可用0.5%磷酸二氢钾溶液等叶面追肥2～3次。霜降以后，天气日益变凉，叶身生长日趋缓慢，叶面水分蒸腾减少，应逐渐减少浇水，收获前7～10天应停止浇水，以提高大葱的耐贮性。收获前20天内不得追施氮肥。

(2) 培土软化　农谚云："要想大葱起身，土要培到葱心"。培土是软化叶鞘、防止倒伏、提高葱白产量和品质的重要措施，培土过早，次数过多或过高，不仅不能促进假茎的生长，反而由于多次伤根伤叶影响产量。培土应在葱白形成期进行，高温高湿季节不宜培土，否则易引起假茎和根茎的腐烂。培土的

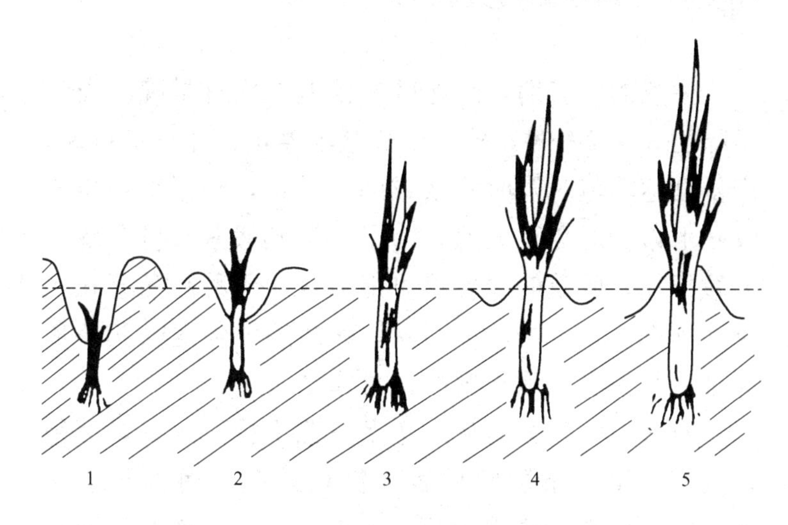

图3-2　大葱各期培土过程示意图

1—培土前情况；2—第1次培土；3—第2次培土；4—第3次培土；5—第4次培土

次数因地区、品种和土质而异，一般2～4次。在河北一般结合追肥，分别在立秋、处暑、白露和秋分进行4次培土。山东章丘大葱一般培土两次（8月中下旬）即可。培土时墒情要适中，不要因土壤过干或过湿产生土块。每次培土厚度均以培至不埋住五叉股（外叶分叉处）为宜，切不可埋没心叶，以免影响大葱生长，见图3-2。

大葱越夏和旺盛生长期间，都要及时防治病虫害。各农药品种的使用要严格遵守安全间隔期。防治病虫害的方法参考“第六章　葱病虫草害防治技术”。

17. 冬葱栽培如何收获？

大葱的收获期，因地区气候差异而有早晚。当气温降至8～12℃时，外叶生长基本停止，叶色变黄绿，产量已达峰值时及时收获或随行就市，根据市场需要收获上市。对冬贮大葱，为了增加其假茎产量和减少贮藏损耗，收获时间应尽可能后延。干贮越冬葱在土壤封冻前15～20天为大葱收获适期。各地收获期最晚都应掌握在当地土壤即将封冻之前。

收获时，用大叉从大葱垄一侧下挖至葱白基部须根处（或用窄条镢紧靠葱行刨松葱行一侧的土层），将土劈向外侧轻拔出大葱，抖净泥土，平摊在地面上适当晾晒。根据市场要求捆成5千克或10千克的葱捆。捆前要进行分级，剔除病残棵和重量达不到标准的小棵，根部摆齐，做到美观整洁。收获大葱不可用手硬拔，以免因土壤紧固、葱白培土过高而伤皮断茎。“立冬”前收获大葱时，要避开早晨霜冻。叶片遇霜冻后，挺直脆硬，一触即断，大葱叶片折断后，贮藏时水分损失严重，并易染病霉烂。

18. 冬葱栽培如何建立安全生产田间档案？

对大葱进行田间档案记载，是安全蔬菜生产所要求的，特别是对从事蔬菜生产的农业合作化组织、企业等，必须进行田间档案记载。主要有如下两项：

(1) 生产操作记载档案　大葱生产过程中的各项农事操作，如整地、播种、施肥、病虫草害防治等，应逐项如实记载。要体现效果时，应及时检查实际效果，记载内容、方法见表3-4。

表3-4　大葱生产操作记载档案

地块名称		面积		品种	
前作		土壤种类及肥力			
序号	操作日期(年、月、日)	操作内容及方法		完成情况及效果	记载人
1					
2					
3					

(2) 投入品生产质量安全跟踪档案　大葱栽培过程中，在农药、化肥等投入品使用时，须做好简明记载，记载内容、方法见表3-5。

表 3-5 投入品生产质量安全跟踪档案

地块名称			面积			品种		
序号	使用日期（年、月、日）	品名	剂型	生产厂家	用量	施用方法	效果	记载人
1								
2								
3								

注：1. 根据事项发生先后顺序逐项记载。

2. 化肥计量单位用千克，农药计量单位用克（或毫升）。

19. 夏秋大葱栽培有哪些关键技术？

夏秋大葱栽培的目的是满足 6～10 月市场的需求，向市场供应大葱。

因夏秋大葱栽培生长的盛期在炎热的夏季，应选择耐热、抗病、优质，适合当地生态环境的品种。

长江流域一般在 2 月份播种，6 月份定植于田间。华北地区一般是秋季育苗，育苗时间同冬贮用葱生产，只是必须加强葱秧越冬后的管理；也有少部分地区在 1 月底至 2 月上中旬用两膜一苫作为育苗设施育苗，4～6 月定植于田间。在辽宁省凤城地区选择高产、高抗病性的辽葱 1 号、铁杆巨葱、福田 1 号等品种，白露时育苗，谷雨前后定植。

定植时有开沟行栽和平畦撮栽两种。定植较早、上市较晚时，可开沟栽植，以便培土。开沟行栽的行距为 40～50 厘米，株距 3～4 厘米，每亩栽 4 万株左右。缓苗后要加强肥、水管理，促进其快速生长，可追肥 1 次，培土 1～2 次。定植较晚，而在夏季上市不需培土时，可用平畦穴栽，每穴 3～4 株，穴距约 20 厘米。在夏季雨水较多的地区宜采用高畦穴栽。

夏季生长期间要及时除草灭虫。土壤干旱要及时浇水，雨季积水要及时排涝。缓苗后可追肥 1 次。夏季炎热不利于大葱生长，可与其他高秆作物套种，也可采用遮阳网覆盖。收获前 20 天内不得追施氮肥。

夏秋大葱定植后 45～60 天、假茎粗 1.5 厘米左右、有葱叶 3～4 片时，根据市场行情可随时收获上市。夏季大葱葱叶因高温易老化不宜食用，以食用假茎为主。秋季大葱嫩叶品质较好，也可食用。

20. 春葱栽培有哪些关键技术？

由于春葱栽培多是夏季育苗，秋冬移栽，翌年春季收获，因此应选择抗寒、抗抽薹、抗病且品质优良的品种，如郑研寒葱、吉祥快葱、冬绿 1 号寒葱、章丘长白条大葱、中华巨葱优系等品种。

移栽时确保葱苗具有一定的营养体。若营养体过小不利于越冬；营养体过大，易导致春季发生抽薹现象。应根据品种特性和种植地环境确定适宜的播种期。由于育苗时间几乎都在雨季，所以应选择土地平坦、地势稍高、旱能浇、涝能排的 3 年以上没有种过大葱、洋葱、韭菜、大蒜等百合科蔬菜的地块作为育苗地。

21. 春葱吉祥快葱栽培要点是什么？

胶东地区7月底至8月下旬播种育苗。栽植1亩地用种量约500克，需要育苗地1分（1分=1/10亩）地。可于播种后出苗前每亩喷洒二甲戊灵150克防除杂草。11月上中旬移栽，要求土壤封冻前缓苗，以利安全越冬。将土地施肥耕翻后整平做畦，畦宽1.10米，覆盖90厘米宽地膜，地膜上薄薄地撒一层细土。将葱苗按大小分级，用800倍辛硫磷液蘸根杀灭葱蝇虫卵，以竹签打孔后栽植，深度以不埋住心叶为度。株距10厘米，每畦栽8行，栽后浇水。越冬后3月上旬浇返青水。返青后植株抽薹，总花苞在似开未开时摘除。生长期间保持土壤见干见湿。4月中下旬，结合浇水每亩撒施尿素10～15千克。5月中下旬为收获适期，摘除母株花薹及老叶，捆把上市。

22. 春葱介卿3号栽培要点是什么？

7月底至8月下旬播种育苗，栽植1亩地用原种0.50～1千克，11月上中旬移栽。选择未种植过葱蒜类蔬菜的生茬地，亩施腐熟优质有机肥3000～4000千克、磷酸二铵50千克、硫酸钾50千克、尿素10～15千克，耕翻后整平做畦，畦宽1.10米，覆90厘米宽地膜，地膜上薄薄地撒上一层细土。用800倍辛硫磷蘸根杀灭葱蝇虫卵，以竹签打孔移植，深度以不埋住心叶为度。株距8～10厘米，每畦栽8行，栽后浇水。翌年3月初返青后浇透水，之后如有花苞长出可及时摘除，以促进青葱生产，可在4月至5月初收获上市。

23. 春夏快葱（大葱）栽培要点是什么？

在6～7月收完小麦以后，及时整地，准备播种。平畦播种，种一亩“春夏快葱”需要800克种子，需要育苗地1分地。播种后，可于当天或次日下午每亩喷施33%二甲戊灵（施田补）除草剂100～150毫升（一分地10～15毫升即可），加水40～50千克喷施地表，可有效防除苗期杂草。由于夏季气温高，光照强，很容易导致干旱，苗期一定要小水勤灌，保证葱苗茁壮成长。当秋作物收获后，及时开沟定植，沟距60厘米，沟宽10～15厘米，沟深20厘米，每沟双行，每亩栽苗3万～4万株。定植缓苗后，天气转凉，生长较快，要及时浇水追肥，破垄封葱。冬季及时浇封冻水。春季大葱一萌动马上追肥浇水，以速效肥为主。进入3月即可刨收上市。

24. 冬绿1号寒葱栽培要点是什么？

黄河流域适时育苗时间一般在7月20日至8月15日，其他地区可参考当地气温适当推迟或提前。移栽可在10月中下旬至11月初进行，按株行距10厘米×12厘米或10厘米×15厘米等行移栽。在移栽时，可用尖木棍扎孔栽插。移栽完毕后选晴天上午浇水1次，保证年前葱苗按时生根、缓苗，安全越冬。第二年天气转暖时，要加强田间管理。及时浇水，并撒施尿素，促其生长。可根据市场价格在4～6月份随时上市。

25. 寒丰快葱栽培要点是什么？

黄淮流域7月上旬至8月上旬育苗，育苗宜早不宜迟。10月下旬至11月上旬地膜覆盖移栽，移栽行株距8厘米×13厘米。冬前浇封冻水，翌年2月下旬气温回升及时浇水施肥，促使其快速生长。3～5月根据市场价格适时收获。

26. 云南弯葱有何特征特性？

云南弯葱是大葱的一种，是云南省栽培大葱的一种特色栽培品种。其以肥大、洁白、弯、长的假茎（即葱白）和嫩叶为食，是常用的调料、四季不可缺少的一种特色蔬菜，云南各地均有大面积栽培。以安宁市的安宁弯葱、会泽县的娜姑弯葱最负盛名，其特征特性如下：

（1）品种特性 安宁弯葱株高74厘米，假茎长24～30厘米、横径1.2～2厘米，由于采用开沟横排培土软化，植株呈圆筒状直角弯曲。安宁弯葱洁白、肥嫩适中，其显著特点是在短缩茎下面有一褐色突出的根盘。而且分蘖较少，适应性强。

(2) 对环境条件的要求 安宁弯葱种子发芽适温为15～23℃，葱叶生长适温为15～25℃，10～20℃下营养物质向叶鞘输送形成肥厚粗壮的葱白，高于25℃则植株生长迟缓。对光照强度要求不高，但要形成高产优质的葱白，栽培中需要良好的光照条件。

27. 云南弯葱有哪些栽培关键技术？

(1) 播种期 安宁弯葱在安宁市四季均可播种，生产上可根据市场的需要，调节播种期，但主要还是以春、秋两季播种为主。

安宁弯葱播种季为两季，春播3～5月，以清明前后播种为好；秋播9～10月份，以霜降前后播种为好。安宁弯葱大面积生产主要以秋播为主，秋播过早，越冬时经低温春化容易未熟抽薹；播种过晚，温度较低，生长缓慢，幼苗过小，易受冻害。

(2) 育苗床准备 选择地势平坦、排灌方便、肥沃疏松、通气性好、2～3年未种过葱蒜类蔬菜的壤土地块。整地前每亩施入腐熟细碎的优质厩肥5000千克，加40～50千克三元复合肥，使土、肥混合均匀，耕深10～15厘米，耙细土粒、耧平。苗床做低畦，以利保温保湿，畦宽1.0～1.2米、长8～10米。如土地干燥，应先浇水，待水渗下稍晾干后即可播种。

(3) 播种 选用发芽率达90%左右、当年采收的新种子。1亩地苗床需种子3.5～4.0千克，可移栽大田8～10亩。播种前进行浸种消毒，加5～10倍细土混匀后撒播。播后盖1厘米左右厚的过筛细粪土，再加盖稻草至出苗时撤除。

出苗后要保持土壤湿润，只要育苗期不过于干旱，就应尽量少浇水，勤除草，促进葱苗根系生长。幼苗3厘米时，用15～20倍腐熟人粪尿稀释液追肥1次，并精心除草。幼苗6厘米时，用0.3%氮磷钾三元复合肥溶液或腐熟稀人粪尿进行第二次追肥。并注意防治苗期害虫，培育壮苗。

(4) 分苗移栽 分苗是培养大苗、壮苗的重要一环，春播于6～7月、秋播至次年3～4月进行。分苗前一天浇透苗床起苗水，第二天将苗子拔起，分为大、中、小三级。最好用新苗床，为便于管理，采用分级栽植，使秧苗生长整齐一致，可按行距10～15厘米、株距3～5厘米分级假植，浇足定根水。其管理和苗床管理一样。当分苗长到30厘米左右再起苗，按株距3～5厘米、行距30～35厘米定植，经过培土软化，使葱白粗壮肥嫩。

移栽培土软化的方法：在经过翻耕的土壤中施入复合肥，每亩25千克，并结合细碎土壤充分掺和土肥，平整土地，在经过平整的土地上开平底沟，沟深8～10厘米、宽15～20厘米，然后按一定株距将葱苗的假茎部分平放在沟底，叶尖斜靠在沟壁上，排好苗后取少许细土进行浅表覆盖，覆土厚度以刚好盖住葱白，然后在土上加施腐熟农家肥或青蒿，农家肥每亩用量2000千克，然后再取下一沟土进行覆盖，以不埋没心叶为宜。

移栽排苗的次数越多，假茎越长，产量也越高，占地时间也越长。由于葱白在土中是水平方向生长，而葱叶是垂直地面向上生长，所以整个大葱形成直角弯曲，这就是有名的“安宁弯葱”，这不是品种特性，而是栽培特点所致。

排苗株行距随排栽次数而加大，第一次可按3厘米×30厘米，第二次按4厘米×40厘米，第三次按6厘米×50厘米。安宁弯葱生长期一般为12～16个月，移栽排苗次数一般2～3次，第一次移栽为6月，第二次9月，第三次11月。

（5）浇水追肥 大葱根系分布浅，尤其横排苗覆土浅不耐旱，必须适时浇水保持土壤湿润，从定植成活后结合浇水即可追肥，以清粪为主，也可以用复合肥或尿素兑水泼浇，每亩次用量20～25千克，共追2～3次，重点是9月以后，茎叶生长旺盛期要重施一次追肥。每亩追尿素、硫酸钾各10～15千克，施后灌水、培土。以后根据葱苗长势再追肥1～2次，每次追施尿素、硫酸钾各5～7千克。

整个生育期严格控制氮肥施用量（每亩纯氮施用量不得超过15千克），严禁施用硝态氮肥、以硝态氮为原料的复合（混）肥、垃圾、未经腐熟的农家肥、高生物富集性的肥料，采收前30天内禁施任何肥料，严禁用受污染的水流浇灌葱地。

(6) 中耕培土 在生长期中要进行浅中耕清除杂草，缓苗后，结合中耕进行小培土，葱白形成初期、中期结合追肥灌水各进行1次中培土，葱白形成后期进行1次高培土。每次培土厚度均以培至最上叶片的出叶口处为宜，切不可埋没心叶。高温高湿季节要清沟排涝，以免引起根茎腐烂。

(7) 病虫害防治 大葱的主要病害有紫斑病、锈病，虫害主要有蚜虫及蓟马，发现后应及时喷药防治。紫斑病和锈病可用75%百菌清可湿性粉剂600～750倍液或70%甲基硫菌灵（甲基托布津）可湿性粉剂600倍液喷雾防治；蓟马可用25%溴氰菊酯（敌杀死）乳油1000倍液喷雾防治，蚜虫用2.5%氯氟氰菊酯（功夫）乳油4000～5000倍液喷雾防治。采收前20天内严禁施用任何农药。

(8) 采收 大葱收获期及标准不严格，主要根据市场需求及栽培季节而定，一般在叶片停止生长、外叶发黄、假茎粗壮时即可采收。3～5月份大葱处于抽薹开花期，只能收获小葱和半成株葱；春节前后，大葱产量最高、品质最好，亩产高达6000～7000千克，其他季节的一般只能达到3000～5000千克。

28. 秋延迟大葱如何栽培?

出口大葱要求周年均衡供应，仅靠露地栽培不能满足出口的要求，生产上要结合保护地设施，实现周年栽培、周年供应，以满足市场需求。

(1) 品种选择　秋延迟栽培的大葱要求耐寒、抗病性强，低温条件下生长快。出口日本的大葱要求品质好、产量高、适应性强，假茎组织紧密，整株色泽亮丽，加工品质好，株型紧凑，叶片完整，叶色深绿，蜡质层厚，成品叶身和葱白长度比为1.2∶1，假茎长40厘米、横径2厘米左右，葱白洁白、致密。常用品种有元藏、吉藏、天光一本、九条太等（以上大葱品种的种子均从日本进口）。

(2) 育苗　从日本进口的大葱种子价格昂贵，生产上应育苗移栽。山东地区保护地大葱栽培，一般在5月中下旬露地播种育苗。

苗床应选3年未种过葱、韭、蒜，土质疏松肥沃、地势平坦、排灌方便的沙壤土。播前5～7天整地做畦，苗床东西向，一般床宽1.2米。栽植每亩大葱需苗床面积60～80平方米。每畦施用高温发酵的秸秆堆肥100千克或充分腐熟的农家肥300～400千克、过磷酸钙3千克，浅耕耙平做畦，用脚按顺序轻轻踩实，使畦面外实里松、平整，防止局部积水。

使用当年新种，每栽植1亩大葱用葱种75～100克。播种前进行浸种消毒。多用撒播，播前畦内浇足底水，水充分渗完后，种子掺细干土或细沙撒种，覆土厚度1～2厘米，苗床要见干见湿，不能使畦面干裂或积水。

大葱育苗期间严禁使用除草剂，保护地内育苗尤其应引起重视，否则极易失败，造成损失。当平均气温高于25℃时应给葱苗加盖遮阳网，为葱苗创造适宜的生长环境。当幼苗具2～3片叶时，结合浇水，追施1～2千克尿素，不间苗。当幼苗长至40厘米、已有6～7片叶时，应停止浇水，适当炼苗，准备定植。此期应注意防治葱苗的猝倒病、霜霉病、紫斑病、锈病和葱蓟马。

(3) 定植 定植于8月份进行。在前茬收获后结合深耕每亩施用高温发酵堆肥2000千克或优质农家肥5000千克、过磷酸钙50千克、硫酸钾50千克、硼砂2千克，深翻耙平。出口日本的大葱要求葱白细长，生产上应采取宽行密植法。栽植沟南北向，使受光均匀。按行距90厘米开深沟，沟深20～25厘米，沟底每亩施三元复合肥20千克，划锄入土，土肥混匀。起苗前1～2天苗床浇水，剔除病残弱苗，将葱苗分大、中、小三级分别定植，边刨边栽。定植时用甲基硫菌灵（甲基托布津）可湿性粉剂600倍液蘸根。插葱时应垂直，不能弯曲。定植要于早、晚进行，避开中午的高温时段。为方便通风透光和培土，定植时应保持葱苗植株叶片切面与行向呈偏西45°夹角。株距2.5～3厘米，每亩定植2.1万～2.4万株。

(4) 田间管理

① 温度 大葱定植后适逢高温，可覆盖遮阳网以利于越夏。10月初要架设大拱棚，大拱棚南北向，长度与宽度依地而定。10月中旬，大拱棚要覆盖塑料膜。当进入冬季，遇严寒天气，有条件的可以加盖小拱棚，实行二膜覆盖，以利保温。以白天保持在15～

25℃，夜间不低于 6℃为宜。

② 浇水　大葱定植缓苗期一般不浇水，让根系迅速更新，植株返青。葱苗根系更新后进入葱白生长初期，植株生长缓慢，对水分要求不高，此期应少浇水，浇水 2～3 次即可。大葱进入旺盛生长期后需水量大，应结合追肥、培土，每 4～5 天浇一次大水。生产上通过观察心叶与最高叶片的高度差来判断大葱是否缺水，一般高度差在 15 厘米左右为水分适宜。若超过 20 厘米，说明缺水，心叶生长速度变缓，应及时浇水。入冬盖棚后进入葱白充实期，植株生长缓慢，此刻养分从叶片回流至葱白内，需水量减少，要少浇水、浇小水，以免影响大葱正常生长。此时浇水 2 次即可。收获前 7～10 天停止浇水。

③ 追肥　大葱缓苗后，应追提苗肥，结合浇水每亩施尿素 15 千克。葱白生长初期，生长逐渐加快，以氮肥为主，每亩施三元复合肥 25 千克、尿素 10 千克；葱白进入旺盛生长期，需肥量大，氮、磷、钾肥要配合使用，结合培土，每亩施三元复合肥 50 千克、尿素 20 千克、磷酸钾 20 千克，分 2～3 次追入。后期可随浇水每亩冲施鱼蛋白冲施肥 15 千克，以满足大葱的生长需要，有利于提高大葱的抗病、抗寒能力，并提高大葱品质。出口大葱忌施碳酸氢铵，否则葱白细软，不能出口。收获前 20 天内不得追施氮肥。

④ 培土　培土应适当，一般在追肥浇水后进行，应掌握“前松后紧”的原则，生长前期培土不能太紧实，否则易出现葱白基部过细，中上部变粗的现象，

影响质量。培土应在土壤水分适宜时进行，过干、过湿均不宜培土；且应在午后进行，此时培土不会损伤植株。培土要于冬前完成，盖膜后不再培土。当大葱生长到11～12月份，价格适宜时就可以收获。

⑤ 防治病虫害　从日本引进的大葱品种抗病性强，病害较少。但由于出口标准高，生产上应切实注意，以预防为主。发现病虫害后，多采用高效、低毒、残留少的生物农药或天然植物源杀菌剂，少使用化学农药。

29. 保护地越冬茬大葱如何栽培？

出口大葱要求周年均衡供应，并且注意避开出口国国内大葱收获期，通过打季节差，以获得较好的收益。

(1) 选用良种　出口大葱越冬栽培的关键是防止大葱春季抽薹开花，降低品质，不能满足加工出口的要求。应选用耐低温、抗春化、晚抽薹的日本品种，如极晚抽、春味、吉藏、白树、天光一本、元藏等品种。这些品种具有耐寒、不易抽薹、低温条件下生长快、抗病性强、假茎组织紧密、整株色泽亮丽、蜡质层厚、加工品质好等优点。

(2) 育苗　因进口大葱种子价格昂贵，多采取育苗移栽法。苗床应建在3年内未种过葱、韭、蒜的田块。一般苗床宽1.2米，长度依育苗量而定。每定植1亩需育苗面积60平方米，建床时，1平方米苗床施腐熟的羊马粪 2～3 千克、三元复合肥 100 克，肥要与床土充分混匀。播种前对种子进行浸种和消毒。

(3) 适时播种 播种适期为 9 月底至 10 月。播前苗床浇足底水，水充分渗完后，将种子掺细干土或细沙撒种，60 平方米苗床撒播葱种 80～100 克，播种后覆土，覆土厚度 1～2 厘米，覆地膜或扣小拱棚以增温保墒，有利于出苗整齐。大葱育苗期间严禁使用除草剂。出苗后及时撤去地膜，防止烤苗。出苗后的管理重点是搞好温度调控，白天棚温尽量控制在 23～25℃，夜间在 8℃以上，应视天气变化情况及时揭盖草苫。冬季雨雪连阴天也要早揭晚盖，尽量增加光照时间。一般苗床不浇水施肥。为防猝倒病，葱苗直钩前后喷洒 2000 倍的移栽灵 1～2 遍。当葱苗具有二叶一心时即可定植。

(4) 定植 出口大葱大拱棚越冬栽培采用冬暖式大棚或两膜一苫的保温措施。大拱棚南北向，定植前 10～15 天应盖膜封棚升温以提地温，定植后架设小拱棚并在夜间覆盖草苫。

定植时间一般在 1 月中下旬，苗龄 50～60 天。定植太早难于管理，发根慢，易烂根；太晚影响春季生长。

结合深耕每亩施用腐熟农家肥料 8000～10000 千克或优质农家肥 5000 千克、过磷酸钙 50 千克、硫酸钾复合肥 50 千克，深耕耙平。出口大葱要求葱白细长，南北行向按行距 100 厘米、沟深 20～25 厘米开沟。定植株距 3 厘米，每亩栽 2.2 万～2.3 万株。

起苗前1～2天苗床浇水，起苗时抖净泥土，选苗分级，剔除病、弱、残苗和有薹苗，将葱苗分为大、中、小三级分别定植。定植时用80%甲基硫菌灵可湿性粉剂600倍液蘸根，垂直栽，使葱苗叶片与行向呈偏西45°夹角，栽植深度5～7厘米，以达外叶分叉处不埋心为宜。

(5) 田间管理

① 温度调控　大葱定植时正值严寒季节，增温保温促生长是关键。定植后立刻覆盖小拱棚，夜间在小拱棚上盖草苫保温。特别是到植株四叶一心、假茎粗0.5厘米以上时，更应加强夜间保温管理，尽量减少温度低于8℃的次数和时间，避免大葱通过春化阶段。到3月上中旬，气温已逐渐平稳升高，大葱亦进入假茎生长初期，结合施肥培土，可撤去小拱棚。随气温逐步升高，逐渐加强大拱棚通风，尽量将温度控制在白天20～25℃，夜间不低于8℃的适宜范围内。

② 浇水　缓苗期一般不浇水，让根系迅速更新，植株返青；葱白生长初期少浇水，并于早、晚浇水，此时浇2～3次小水即可；进入旺盛生长期后要结合培土勤浇大水，叶序越高，叶片越大，需水量越多，中后期结合培土施肥，应5～6天浇一次水，收获前7～10天停止浇水。

③ 追肥　大葱缓苗后应追提苗肥，结合浇水每亩施尿素15～20千克；葱白生长初期，生长速度逐渐加快，每亩追三元复合肥25千克、尿素10千克；葱白进入生长旺盛期，也是大葱产量形成的最快时期，

葱株迅速长高，葱白加粗，需肥量大，氮、磷、钾肥配合使用，一般每亩施三元复合肥50千克、尿素20千克、硫酸钾20千克，分2～3次追入。注意：忌用碳酸氢铵，否则葱白细软，不能出口；收获前20天内不得追施氮肥。

④ 培土 每次培土要适当，一般在浇水后3～4天进行。大葱生长前期培土要浅，不能太紧实。每次培土高度3～6厘米，将土培到叶鞘与叶身的分界处，即只埋叶鞘，不埋叶身。一般培土3～4次。

(6) 收获 4月至5月上中旬，当假茎长达35厘米、粗1.8厘米以上，进入葱白充实期时即可收获，具体收获时间视出口时间和加工情况确定。收获时，将葱垄的一侧挖空，露出葱白，用手轻轻拔起，避免损伤葱白，拉根断盘。收获后抖净泥土，去除枯叶，按收购标准分级、出售。

30. 保护地囤葱如何栽培？

囤葱是利用温室、大棚、阳畦等保护设施，在温室内不能栽培蔬菜的地边，或大棚、分苗阳畦的空当时间，对成株或半成株大葱进行假植栽培，使其在温度和水分适宜的条件下生长，生产鲜嫩青葱的方法。因为囤葱栽培时的大葱植株愈大，栽后增重效果愈小，所以常囤栽秋季露地中生长较差的大葱或采用半成株大葱进行囤葱栽培。

囤葱栽培应选假茎较粗短的品种，如寿光鸡腿葱、海阳大葱、天津鸡腿葱等。长葱白品种囤栽投入产出比低，成本高，一般不采用。

囤葱栽培，首先是囤栽植株的培养。囤栽植株培养技术基本同冬葱栽培。春季适当晚播育苗，采用小垄密植栽植幼苗培养植株，一般行距30厘米，株距5～6厘米，每亩栽3.5万～4万株苗。因为选用短葱白品种，行距小，生长期间培土也较少。冬前的其他管理基本同冬葱，冬前按冬葱收获的方法收获并贮藏囤栽植株。

可分行囤栽，也可分畦囤栽。囤葱时，首先算好日期，在上市前20～30天，先挖囤栽沟或囤栽畦，在沟或畦底施入少量农家肥，翻松耙平，将供栽的大葱去黄、干叶，密集囤栽到沟槽或低畦内，四周用土围紧，栽后浇透水。几天以后，基部发出新根，新叶开始生长时浇水1次。以后的浇水量大小、浇水次数根据天气情况和植株长势而定。晴天光照充足，温度较高，土壤蒸发量大时，浇水量可稍大；阴雪天温度低时，不宜浇水。水分过大会引起烂根。囤栽青葱一般不需追肥。

设施囤葱，新叶生长期间应控制温度，白天15～20℃，夜间8～10℃。温度过高时，虽然生长快，但产量较低。

囤葱从长出2～3片绿叶到见到花薹，可根据市场行情分期收获上市。收获时从一端开始，收刨后的大葱要摘除老叶、烂叶，用清水洗干净，整理顺直，捆成0.5～1千克的小捆。囤葱产品呈现出绿白分明的清新色彩，应轻拿轻放，不要损伤管状绿叶。

31. 葱黄生产有哪些关键技术？

（1）种株培养　培育葱黄需要已长成的种株。一般是利用夏秋季节生产出的大葱植株，这些植株稍小，在冬季上市价格较低，用于葱黄栽培可提高其价值。种株越大，葱黄的产量越高。利用冬大葱植株在冬春季节生产葱黄，产量高，假茎长，叶长而粗壮，质量好，但是成本较高，因而利用较少。种株培养参照夏秋大葱栽培，待植株基本长成，可随时收获用于葱黄栽培。

（2）栽培设施　葱黄生产需要的设施很简单，冬春季节，凡是能保持温度在10℃以上的避光环境，均可进行葱黄栽培。一般在日光温室内，塑料大、中、小棚内，风障阳畦、改良阳畦内，室内、防空洞、地窖内都可进行。

日光温室栽培葱黄的经济效益不如其他蔬菜高，因而很少用整个温室栽培葱黄。一般是在温室内的北侧走廊下面挖栽培坑进行栽培。栽培坑上铺木板，可以供人行走。

在塑料大、中、小棚中栽培时，可用栽培坑生产。栽培坑在棚内，挖深40～50厘米、宽1.2～1.5米、长度不限的坑，坑内定植，坑上覆黑色塑料薄膜或草苫子遮光。也可在平畦上定植。平畦上设小拱棚，小拱棚用黑色塑料薄膜遮光，也可用普通透光薄膜，上覆草苫遮光兼保温。

在风障阳畦或改良阳畦中栽培时，如用平畦栽培，阳畦上的塑料薄膜用黑色不透光膜遮光。也可用栽培坑，方法同塑料大、中、小棚中栽培。

在室内、防空洞、地窖内栽培葱黄时，可在地面上铺沙或一般土壤，厚10～20厘米，定植种株。室内要保温、遮光。

(3) 定植 从11月份至翌年3月份可随时进行定植。种株可随起苗随定植，也可用收获后贮藏的植株。可以沟栽，也可以穴栽。根部埋土5～7厘米，栽后浇水。定植完后，立即覆黑色塑料薄膜或草苫子遮光，并提高设施内的温度。

(4) 管理 定植后，保持室内温度在20℃左右，白天不高于25℃，夜间不低于10℃。偶有0～5℃的低温也不会受冻害。整个生长期应保持土壤湿润。生育期空气湿度大，易诱发病害，可结合通风散湿，应注意在遮光的条件下通风。

(5) 收获 葱黄收获没有固定的标准，只要黄叶一发出可随时收获上市。但收获越晚，植株越大，产量越高。一般定植后20～30天可随时上市。

32. 葱黄工厂化生产有哪些关键技术？

为了能在四季迅速、连续不断地大量生产葱黄，日本已采用了工厂化生产技术。在工厂化生产技术中，由于空间利用率高、密度大，加上环境条件适宜，生长迅速，所以产量很高。在生产中多数利用排开定植技术，产品基本实现了周年供应。

(1) 栽培设施 葱黄工厂化生产一般在日光温室、塑料大棚、大仓库、宽敞的房屋中进行。

(2) 种株培养 葱的种株培养均在露地进行。所用的大葱种株为单株较小的夏秋大葱，培养方法参照夏秋大葱栽培。

(3) 定植 葱种株紧密排植在栽培箱内，栽培箱内装基质。定植后浇水，并把栽培箱放在栽培架上。

(4) 定植后的管理 定植后在设施内立即遮光，覆盖黑色遮阳网或芦帘，或加盖黑色薄膜。保持室内温度在20℃左右，白天不高于25℃，夜间不低于10℃。保持基质湿润。

(5) 收获 定植后，经20～30天即可陆续收获上市。

33. 如何预防大葱生产中种子质量问题?

种子质量问题包括两个方面：一是纯度低；二是发芽率低。由于葱种子的生产周期长，成本高，所以每年的产种量很不稳定。在种子量不足、价格较高时，部分不道德的种子经营者用劣质种子冒充优质大葱种销售。这些劣种会给生产者带来极大的损失。

预防的措施是：购种时应先了解售种者的信誉，防止购买劣种；购种时要索要发票；购种后应做发芽试验。

34. 大葱播种出苗后死苗现象发生原因及预防措施是什么？

① 育苗田重茬，病菌积累导致死苗。

预防措施：要在3年以上没有种过葱蒜类蔬菜的地块育苗。

② 育苗田未经土壤处理。

预防措施：播种前杀虫、灭菌消毒即不再死苗。

③ 育苗田深耕，旋耕镇压不实也易死苗。

预防措施：育苗田要适当浅耕。

35. 大葱死葱、化葱、烂葱现象发生原因及预防措施是什么？

大葱死葱、化葱、烂葱的原因可能有：

① 施用生粪，腐熟发热时烧根，尤其是生鸡粪更易烧根，大葱虽然根系完整，但是整株死亡，还查不出原因。

预防措施：要施用充分腐熟的有机肥。

② 施用生粪易生蛴螬、蛆为害根部造成大葱死亡。

预防措施：要施用充分腐熟的有机肥；定植前采取措施杀灭地下害虫。

③ 下雨天积水过多，积水时间过长。

预防措施：选择能够排水的地块种植大葱，或高畦种植。

④ 高温晴热天中午突降暴雨，排水不畅。

预防措施：选择能够排水的地块种植大葱，或高畦种植。

⑤ 栽植过深，埋住葱心。

预防措施：栽葱时要深栽浅埋，以不埋住葱秧心叶为标准。

⑥ 培土过早、过厚，透气不良。

预防措施：适时培土，培土高度以将土培到叶鞘与叶身的分界处为宜，即只埋叶鞘，不埋叶身。

⑦ 茬口选用不当。

预防措施：要避免与葱蒜等百合科蔬菜连作。

⑧ 品种退化。

预防措施：要选用优质的新种子。

⑨ 长年单一施用化肥。

预防措施：要配方施肥，增施腐熟后的有机肥料，注重氮、磷、钾肥及中微量元素肥料的配合使用。

36. 大葱沤根现象发生原因及防治措施是什么？

大葱发生沤根后，根部不发新根或不定根，根皮发锈后腐烂，致使地上部萎蔫，且容易拔起，地上部叶缘枯焦。严重时，成片干枯，似缺素症。发病原因主要是低温，地温低于12℃且持续时间较长就会发生沤根。

沤根是蔬菜育苗的常见病害之一，对大葱来说，成株期也同样常有发生。其防治措施为：

① 稳定地温，促进壮苗发育，提高抗病能力，提

高苗田温度达20℃以上。

② 降低田间湿度。田间湿度过高是造成沤根的关键因素。苗田切忌大水漫灌。阴雨天或田间湿度过大时可用草木灰或细干土撒于苗田，以降低田间湿度。

③ 改善土壤通气条件。栽植大葱应尽量选择在沙壤土上，并大量增施腐熟有机肥，改善土壤结构，改善通气、透气条件，以减少沤根的发生。

37. 大葱倒伏现象发生原因及预防措施是什么？

大葱倒伏的原因可能是：

① 栽植了葱茎较细不抗倒伏的品种。

预防措施：选择抗倒伏的大葱品种。

② 未蹲好苗，根系细弱。

预防措施：苗期适当控水，适时定植。

③ 定植后旺盛生长的前期干旱，大葱生长不良，后期降水较多，大葱叶片开始狂长，培土不及时，造成头重脚轻，遇风雨天气出现倒伏。

预防措施：适时浇水、培土。

38. 大葱葱白短细空现象发生原因及预防措施是什么？

大葱葱白短细空产生的原因可能有：

① 品种类型　葱白长短和品种有关，使用葱白短的品种可发生葱白短细空现象。

② 土质与栽培条件 选择的地块土质黏重，翻地浅且不细；栽种浅，行距小，底肥不足，追肥不多；生长期间中耕培土不及时，没有灌溉条件，一旦遇到旱情，大葱则脱肥、脱水。

③ 收获不适时 为了抢市场提前收获时，会因绿叶中营养物质还没有转移到葱白中，经晒干后大部分葱白会发空；收获过晚葱白内贮藏的养分向下转移，葱白上部失水发软。

预防大葱葱白短细空的措施：

① 选用优良长白大葱品种，如章丘大葱、谷葱（鞭杆葱）等。

② 选择土层深厚、土质肥沃、排水良好的地块，并要深耕细耙，一般深耕30厘米以上，挖深20～30厘米、宽15～30厘米以上、沟距70～80厘米宽的垄，以便培土。栽前开沟施肥，亩施粗肥1000～5000千克，然后再深松垄沟，使粪土结合。

③ 选择适宜的定植时间，宜早不宜迟，定植过晚，葱白的形成期短，则葱白短、细，产量低，同时秧苗易徒长，栽后天气炎热不易缓苗。

④ 栽葱时要深栽浅埋，以便以后分期培土。

⑤ 加强栽培管理。结合中耕进行培土。雨季来临前要把垄沟稍培出垄台，以防栽植沟中积水引起根茎腐烂。立秋后10～15天培一次土，培土是增加葱白长度的有效措施，共培3～4次。第一次要浅培，以提高地温，后两次多培土，特别是最后一次要尽量高

培，但是不能超过心叶。

⑥ 当心叶停止生长，土壤上冻前15～20天为收获适期，一般在霜降到立冬收获。

39. 大葱先期抽薹现象发生原因及预防措施是什么？

造成大葱先期抽薹可能有以下几方面的原因：

① 陈种子问题。

预防措施：不能选用陈种子，必须选用新种子，最好是当年的种子。

② 播种期不当是大葱抽薹的主要原因。

预防措施：要参考当地气候条件确定适宜的播种期。

③ 田间管理不当。

预防措施：加强田间管理，可防止大葱抽薹。第二年开春返青前，要灌足返青水，防止春旱长成小老葱。苗期要勤松土和勤除草。

40. 大葱干尖现象发生原因及防治措施是什么？

(1) 干旱引起干尖 在葱生长过程中土壤干旱，植株缺水易引起干尖。

防治措施：根据葱的不同生育期对水分的不同需求，适时、适量浇水。

(2) 高温和冻害引起干尖 葱的生长温度范围是

7～35℃，超过35℃时叶尖干枯；低于7℃叶尖受低温冷害后，叶尖变白、干枯。

防治措施：对于露地栽培的大葱注意浇水降温；棚室栽培的加强放风，防止出现30℃以上的高温，另外加强保温，使最低气温不低于7℃。

(3) 药害引起干尖　药剂浓度过高，使叶尖变白、干枯。

防治措施：掌握合理的药液浓度。

(4) 病害引起干尖　大葱灰霉病、霜霉病、疫病、根腐病等引起葱叶干尖。

① 大葱灰霉病引起干尖　起初在叶上生白色斑点，多由叶尖向下发展，并可向下延伸2～3厘米干枯。湿度大时在枯叶上生出大量灰霉。

② 大葱霜霉病引起干尖　叶片受害，开始产生卵圆形或椭圆形病斑，初呈黄白色，后变为灰白色。湿度大时病斑表面生有白色稀薄霉层。

③ 大葱疫病引起干尖　患部初现青白色不明显斑点，扩大后呈灰白色斑，致叶片从上而下枯萎，田间现一片“干尖”；湿度大时患部长出稀疏白霉，天气干燥时则白霉消失。剖检长锥形叶内壁，可见白色菌丝体，此有别于葱生理性“干尖”。

④ 大葱根腐病引起干尖　叶尖发黄，随后萎缩枯死，其根茎部组织变黑、腐烂，根系逐步坏死，最终导致死苗、死棵。

防治措施：加强田间管理，及时防治大葱病害。

(5) 种蝇为害引起干尖 种蝇幼虫蛀入葱根部为害引起地上部叶尖干枯，拔起葱可见葱根变褐色，严重时腐烂或枯死。

防治措施：及时防治种蝇。

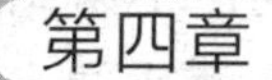

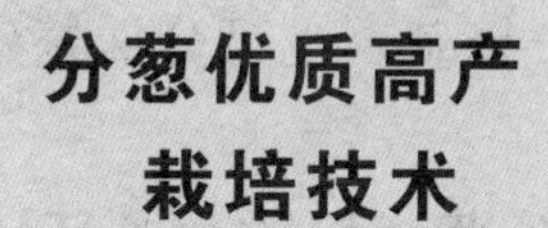

1. 分葱具有哪些特征特性?

分葱为宿根性植物，在栽培上常作 2 年生作物进行栽培。植株形如大葱，但比大葱矮小，一般株高 40～80 厘米，单株重 10 克以下。根系为弦线状的须根，发根力强，根长约 30 厘米。

分葱叶如大葱，叶片比大葱短而细小，长 30～40 厘米；一般葱白长不超过 30 厘米。分葱以食用葱叶为主。

分葱的茎为短缩茎，鳞茎的颜色有白色、紫红色、赤褐色，随品种不同而异。分葱的分蘖能力强，分株繁殖成活后长出 3～4 片叶即开始分蘖，一般每个鳞茎可分蘖 5～8 个，多者达 70 余个，每个分蘖都可发育成为新的植株，成为丛生状。

分葱在春、夏季抽薹。有的品种抽薹不开花；有的品种开花但不易结实；有的品种在花薹上着生小鳞茎，依靠分蘖来进行分株繁殖；有的品种开花结籽，可种子繁殖，也可分株繁殖。

2. 分葱栽培对生长环境有何要求？

(1) 温度 分葱属耐寒性蔬菜，不耐高温，适应性强，生长的适宜温度为13～23℃。超过25℃生长迟缓，品质下降。超过35℃叶片枯萎，进行休眠。分葱耐寒性很强，一般能在露地安全越冬。

(2) 光照 分葱对光照要求较低，在冬季也能生长。在强光下，组织老化，会加快分葱的衰老。但光照过弱，有机物积累少，生长不良，表现为单株叶片细长，叶色淡黄。

(3) 水分 分葱耐旱，不耐涝。一般土壤湿度70%～80%、空气相对湿度60%～70%适宜分葱生长。空气干燥时分葱品质降低；湿度过大时分葱容易生病。

(4) 土壤营养 分葱适宜在土层深厚且通气、排水良好的中性土壤中生长。对肥料要求以氮肥为主，其又是喜钾植物。

3. 分葱的生长发育周期可以划分为哪几个阶段？

分葱的生育周期可分为幼苗期、茎叶生长期（分蘖期）、抽薹期和休眠期几个阶段。

（1）幼苗期　分葱的幼苗期一般是从播种或栽植开始，到定植或分蘖开始为止。

分葱的分株繁殖，实际上是用鳞茎栽植，秋季早栽培的，当年就会发生分蘖；秋季晚栽培的，一般到翌春才进行分蘖。如用花薹上小鳞茎播种繁殖，则需进行育苗定植。

（2）茎叶生长期（分蘖期）　分葱从栽植到产品采收，为茎叶生长期，也是产品形成期。根据供应市场的需要，在冬季或早春上市，秋季应该早栽，促使秋冬分蘖，冬季要防寒。如果在春季上市，秋季要晚栽，早春要加强管理，促使其加快生长。

（3）抽薹期　分葱从开始抽薹至叶片枯萎为抽薹期。分葱在冬季低温下就开始花芽分化，到春夏之交光照延长时开始抽薹。

（4）休眠期　分葱从叶片枯萎开始即进入休眠期，即夏季枯萎地上部衰亡，进行休眠。地下部鳞茎可以就地越夏。但为了充分利用土地，可以将鳞茎刨起贮藏，也可以就地套、间种高架作物，让分葱地下鳞茎在高架作物下就地越夏。

4. 分葱有哪些优良品种？

分葱品种不多，主要有中国分葱和从日本引进的浅黄系九条葱，中国分葱在我国长江流域各地都有种植。生产上常用的分葱品种主要为地方品种，如安徽河口葱、兴化分葱等。

(1) 安徽河口葱 安徽河口葱是安徽霍邱县河口镇一带的地方品种，株高55～60厘米，葱白27～30厘米。叶粗管状，浓绿色，葱白脆嫩，汁液浓香，辣味适中，品质优，产量高。耐旱性强，分蘖力强，春、夏、秋季均可进行分株繁殖。

(2) 兴化分葱 兴化分葱品种有垛田分葱和四季米葱。垛田分葱是江苏省兴化地方品种，株高40厘米左右，鳞茎不特别膨大，虽开花但不结实，分株繁殖。分蘖力强，移植活棵后长出3～4片叶即开始分蘖，单株每年形成20～70个分蘖。叶管长，假茎白色，较短，耐旱，抗病。亩产3000～4000千克，高产可突破5000千克。四季米葱是从垛田分葱变异而来，植株较小，叶细长，分叶能力强，抗寒性、耐热性较强，产量较低，品质较佳，一般亩产1500～2000千克。

(3) 双沟分葱 湖北省襄阳市地方品种。叶丛直立，株高60～70厘米，叶粗管状，深绿色，叶面着蜡粉。葱白长20～25厘米，上部黄绿色，下部洁白。葱白质地脆嫩，辛辣味淡，略带甜味，品质中等。抗寒性、抗逆性、分蘖性均强。分株繁殖，生长期120～150天，亩产量1250～1500千克。

(4) 疏轮香葱 疏轮香葱又称玉葱，广州地区的农家品种。株高40厘米，开展度30厘米，叶长30厘米，青绿色，蜡粉少。葱白长10厘米、横径1.8厘米，基部形成小鳞茎，纺锤形，鳞衣红褐色，肉白色。分蘖力强，每株分蘖2～3条。栽种至初收60～70天。抗风、抗寒力强。香味浓，品质优良。

(5) 蜜轮香葱　蜜轮香葱又名火葱，红葱头，广州地区的农家品种。株高35厘米，开展度30厘米，叶长25厘米，青绿色，蜡粉少。葱白长10厘米，横径1.5厘米，基部形成小鳞茎，鳞衣紫红色，肉白色。分蘖多而快，每株分蘖3～5个。栽种至初收55～65天。组织柔软，耐风雨力弱，耐寒。香味稍淡，品质中等。

(6) 青岛分葱　青岛分葱株高40～50厘米，葱白长15～20厘米、横径1厘米左右，葱叶细长，深绿色，葱叶辣味浓，品质好。单株重100～150克，每株分蘖2～3个，开花期也能分蘖，可采取分株繁殖。耐寒性强。

(7) 项城分葱　河南省项城地方品种。株高66厘米。叶为中粗管状，叶面着蜡粉，深绿色。叶长约54厘米、粗1.1厘米。葱白长约23厘米、粗1.3厘米，扁圆形，葱白外皮白色，单丛重约164克。辛香味浓，晚熟，生长期200天。株丛较直立，分蘖性较强，抗寒性亦强，对紫斑病抗性较强。

(8) 高脚黄分葱　河南省信阳市郊地方品种。株高35厘米，叶长28厘米，黄绿色。葱白长23厘米，培土后可达28厘米。丛生，分蘖力中等，每丛约有10～15株。辛香味浓，品质优良。较抗热，不耐涝。亩产量1000～1250千克。

(9) 邓县分葱　河南省邓州市地方品种。植株高

55厘米左右，叶为中粗管状，叶面略着蜡粉，深绿色。叶长45厘米左右、粗1.2厘米。葱白长18～20厘米、粗1厘米，扁圆柱状，紫褐色。辛香味浓，中熟，生长期250天。分蘖性较强。植株较直立，易折弯。对紫斑病和寒性抗性一般，亩产青葱2200千克左右。

(10) 天津分葱 天津市津南区地方品种。株高46厘米。叶呈中细管状，叶尖向上或斜生，叶面微着蜡粉，绿色。葱白上部略为暗红色，下部洁白。株丛辛辣味浓，是优良的辛香调味葱。单株重50克，早熟。抗寒性、分蘖性及耐热性均强，也较耐涝。6月上旬分栽，翌年4月采收。

(11) 红壳火葱 川西地区传统种植的农家品种。株高30～35厘米，开展度12～15厘米，叶长25～30厘米，绿色，蜡粉少。假茎长7～10厘米，白色，外皮紫红褐色。成熟鳞茎基部饱满肥大，长2～3.5厘米，宽1.5～2.5厘米。分蘖力较强，香气浓烈，辣味重。成都平原普遍作为调料种植。繁殖方法为分株繁殖。成都地区郊县每年8～9月以贮存休眠后的鳞茎定植，即农谚中的“七葱八蒜”（农历）。大田行距一般20～25厘米，穴距7～8厘米。每穴鳞茎1至数个（视大小），11月即大量分蘖。春末夏初鳞茎膨大，停止出新叶。假茎开始萎蔫后1周左右采收贮存。鳞茎也可直接作调料。

5. 分葱周年生产怎样安排？

3～5月露地生产，6～8月夏季遮阳网覆盖栽培，

9～11 月秋季露地生产，12 月至翌年 2 月冬季塑料棚设施生产。

在生产上春葱于当年 11 月至翌年 1～2 月移栽，4 月初至 5 月中下旬采收上市。为提早上市，移栽时也可进行地膜覆盖栽培。在冬季和早春可利用塑料大中小棚等设施栽培；伏葱正常于 5～6 月移栽，作越夏保种，用于秋季种苗或利用遮阳网进行夏季耐热栽培上市；秋葱一般于 8 月初至 9 月中旬移栽，10 月中下旬至翌年 1 月初陆续上市。

6. 分葱栽培应选择哪些优良品种?

分葱栽培要选择分蘖力强，耐热、抗寒性强，高产优质的品种。目前，较好的分葱品种有兴化垛田分葱、四季米葱、疏轮香葱、青岛分葱、天津分葱等。

7. 分葱如何进行繁殖育苗?

分葱繁殖方法不同，栽培技术基本相同。分葱一般采用分株繁殖，一年四季均可栽培，但以春、秋两季为主，随着设施栽培与间套作技术的推广应用，夏季栽培面积也有扩大趋势。长江流域一般均在 4～5 月和 9～10 月两个时期，具体依当地气温而定。

8. 分葱如何进行移栽?

春葱于 11 月至次年 1～2 月移栽，4 月初至 5 月中下旬采收，为提早上市可在移栽前铺盖地膜，实行地膜栽培。伏葱正常于5～6月份移栽，作越夏保种，用于秋季种苗，1亩种苗秋季可栽5～6亩大田。秋葱一般于8月初至9月中旬移栽，10月中下旬至1月初陆续上市。冬季气温低，分葱生长缓慢，一般采用晚秋葱延迟采收的办法供应节日市场。

分葱移栽应选择地势平坦、灌排条件好、土壤肥沃的田块，不宜多年连作，一般1～2年与大豆、玉米以及其他蔬菜作物进行换茬。前茬作物收获后随即耕翻、施肥，一般亩施腐熟厩肥或粪肥2000～2500千克，蔬菜专用肥25～35千克，施肥后精整细耙做畦，畦宽2.0～2.5米，沟宽40厘米，沟深15～20厘米。移栽时间根据茬口安排灵活掌握。移栽前将母株挖起，将根部过长的根须剪掉，将株丛拔开，拔开的分株应有茎盘与根须，移栽的株行距为（12～13）厘米×(13～15)厘米。春葱、秋葱可适当稀植，每穴栽2～3株，深2.5～3.0厘米，栽后及时浇好活棵水。

9. 分葱移栽后如何进行管理？

科学施肥，综合防治病虫害。葱株活棵后，每亩施尿素5千克作促蘖肥。旺盛生长期，每半月追施1次，每次每亩施肥量为尿素5～8千克。施肥与浇水相结合，保持土壤湿润，收获前15～20天每亩增施尿素15千克，促植株嫩绿。

分葱的病害主要有霜霉病、紫斑病、锈病等。霜霉病、紫斑病防治除实行与非葱类作物2～3年轮作外，在病害发生初期及时选用25%甲霜灵、58%甲霜灵·锰锌（雷多米尔-锰锌）、75%百菌清（达科宁）等药剂喷防。

分葱的虫害主要有葱蓟马、潜叶蝇、地蛆、蛴螬、斜纹夜蛾等。对害虫可用毒死蜱（乐斯本）、斑潜净、晶体敌百虫、多杀霉素（菜喜）等高效、低毒、低残留药剂防治。

移栽前用二甲戊灵（施田补）、乙草胺（禾耐斯）进行土壤处理，防治分葱杂草；在分葱生长期间用精吡氟禾草灵（精稳杀得）喷雾防除禾本科杂草。

适期采收。分葱栽后3～4个月，株丛繁茂，即可分批多次采收，也可达到采收标准时一次性采收。

第五章

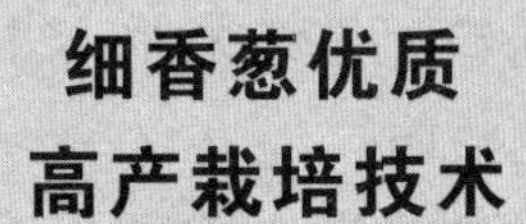

细香葱优质高产栽培技术

1. 细香葱具有哪些特征特性？

细香葱叶管状中空，长 30～40 厘米，淡绿色；叶鞘基部稍膨大，假茎长 8～10 厘米、粗约 0.6 厘米，灰白色或稍带红色；植株分蘖力强，在适宜条件下，大量分蘖可形成稠密的株丛；根系弦线状。通过春化的植株在生长的第二年可抽薹开花。花薹细长，聚伞花序，小花紫色，花期 6 月，易结籽。蒴果近圆形，细小。可用种子繁殖，但一般用鳞茎分株种植。

2. 细香葱对生长环境条件有何要求？

细香葱喜凉爽的气候，在 4～5℃的气温条件下，香葱种子即可萌动，发芽适温为 13～20℃，茎叶生长适宜温度 18～23℃，根系生长适宜地温 14～18℃，在气温 28℃以上生长速度慢。因根系分布浅，需水量比大葱要少，但不耐干旱，适宜土壤湿度为 70%～80%，适宜空气湿度为 60%～70%。对光照条件要求中等强度，在强光照条件下组织容易老化，纤维增多，品质变差。适宜在疏松、肥沃、排水和浇水都方便的壤土和重壤土地块种植，不适宜在沙土地块种植，需氮、磷、钾肥和微量元素肥料均衡供应，不能单一施用氮肥。耐寒性强，耐肥，对土壤要求不严格，但耐热性较弱。

3. 中国细香葱有哪些优良品种？

细香葱主要有中国细香葱、从日本引进的寿美香葱和从德国引进的德国米葱等。中国细香葱在我国长江以南各省有栽培，形态与分葱相似，但叶和假茎都较分葱更细，管状叶的粗度一般不超过 0.5 厘米，假茎粗度一般不超过 0.6 厘米。耐寒耐肥，对土壤适应性广，但耐热耐旱性较弱，质地柔嫩，香味较浓，辣味较淡，品质好。

（1）上海细香葱　上海地方品种，味辣而甜，有香气，品质极佳，能开花结实，虽可分株繁殖，但一般用种子繁殖。形态与分葱相似，但叶和假茎都较分葱更细，管状叶粗度一般不超过 0.5 厘米，假茎粗度一般不超过 0.6 厘米，耐寒耐肥。播种分为春播和秋播：春播由春分开始，分批播种至夏至；秋播从处暑开始，分批播种至寒露。

(2) 白米葱 上海地方品种，品质不如上海细香葱，但产量高，栽培面积较大。其他方面与上海细香葱相同。

(3) 浙江四季葱 浙江省地方品种，株高30～40厘米，须根白色，茎绿色，假茎基部有白色小鳞片。叶片筒状，中空，四季青绿，分蘖力强，多用分株繁殖，茎叶四季均可采收。味辣而甜，有浓郁的芳香味。亩产量1000～2000千克。

(4) 嵊县四季葱 嵊县四季葱别名“嵊县小香葱”，是浙江名优地方品种，植株矮小，直立丛生，株高60～70厘米；管状叶绿色，分枝力强；质地细嫩，假茎洁白，叶色翠绿，香味浓郁；耐旱、耐寒、耐热，对土壤、温度、肥料、秧龄等要求不高，抗病力强；是南方唯一一年四季均可播种、北方除严寒季节外也能在各季栽培的优良品种。全生育期280天左右，鲜葱收获期80～100天，亩产2000～3000千克。种子繁殖和分株繁殖均可。

(5) 柳州葱 柳州葱分蘖力强，密生呈丛状，株高45～50厘米，葱白约10厘米、横径约1厘米，单株重4～5克，叶片深绿色，叶面覆盖蜡粉，适应性强，生长快，开花不结实，香味比四季葱稍淡。

(6) 江西细香葱 又名四季葱。株高25～28厘米，叶细管状，青绿色。亩产量1500～2500千克。葱白长8～10厘米、横径约0.4～0.6厘米；植株柔嫩，味浓香，品质佳；分蘖力强，抗寒，秋、冬、春季生长旺盛，亦耐热，盛夏仍能生长。

(7) 湖北细香葱 又名小香葱。丛生矮小，株高15～35厘米，叶细管状，绿色。葱白长7～15厘米、横径0.4～1.2厘米；肉质细嫩，味甜爽脆，香味浓，品质佳；抗寒、耐热，不耐旱、不耐涝。

(8) 湖南细香葱 又名香葱。株高36～39厘米，叶细管状，绿色，亩产量750～1500千克。葱白长5～8厘米、横径约0.6厘米；幼嫩柔软、辛香浓郁；抗寒、抗病虫害、分蘖力强，耐热性一般。

(9) 福建细香葱 又名四季葱。株高30厘米，叶细管状，深绿色，亩产量1500千克。葱白长4厘米，上绿下白；辛辣味浓、质地柔嫩、品质佳；早熟、分蘖性强、抗寒、耐热、抗病虫。

(10) 安徽细香葱 植株矮小，株高25厘米，叶细管状，深绿色，葱白长4～6厘米、横径0.4厘米；辛香味浓，品质佳；抗寒、抗病虫、耐热，分蘖力强。

(11) 太仓香葱 太仓香葱系地方品种改良而成，具有独特的优良种性，是著名的地方特色产品。太仓香葱管细色绿、香味独特浓郁，乃调味保健佳品。

(12) 金夏香葱 植株直立，叶片较硬，折叶少。叶色鲜绿，叶尖不易打折，收获省力。该品种为初夏至夏季播种的专用品种，耐热性强，是土栽和水栽的两用品种。高温季节市场货架期长，深受欢迎。

(13) 绿川长葱 宜于初夏至夏季播种，土壤栽培用香葱。植株直立，叶色浓，叶尖和下部叶片不易枯黄。根系强壮，耐热性和耐寒性强，产量极高。

(14) 九条细葱　分蘖性强的细香葱，葱叶颜色深绿，茎叶坚挺，不易折叶，耐热、耐寒性强，栽培容易。

(15) 万能香葱　该品种根系发达，生长旺盛，葱叶叶肉厚，叶色浓绿，葱叶挺直，叶尖及下部叶片不易枯黄，生长旺盛，耐热耐寒性强，产量极高。播期幅度大，适合全国各地种植，是适宜土壤栽培用的细香葱品种。

(16) 德国米葱　较耐热而不耐寒，生长适温22～24℃，冬季下雪或温度较低时，地上部分枯死，进入休眠期；春天温度升高，可萌发新芽，继续生长，适宜微酸性（pH值6.5～7.5）壤土或沙壤土，黏质土对德国米葱安全度过高温的夏天较有利。德国米葱喜水分，忌干燥，田间须经常保持湿润。适宜夏秋种植。

(17) 寿美香葱　从日本引入栽培。株高40厘米，叶片管状，中空，先端较尖，假茎粗0.4～0.6厘米，白色。较中国细香葱分蘖多，也较耐热，一年四季均可采收。质地柔嫩，辣味少，香味较浓，分株繁殖。有时结少量种子，也可播种繁殖。

4. 细香葱栽培茬口如何安排？

细香葱一年四季均可栽培，但以春、秋两季为主。

(1) 春葱　11月至翌年2月移栽，4月初至5月中下旬采收，为提早上市可实行地膜覆盖栽培。

(2) 夏葱　4月下旬至6月初移栽，5月至7月底采收。作越夏保种，用于秋季种苗，每亩种苗秋季可栽5～6亩。夏季可用遮阳网覆盖栽培或套种在高秆作物的行间，供应夏季市场。

(3) 秋葱　一般8月初至10月中旬移栽，10月中下旬至翌年1月初陆续上市。秋葱移栽时温度高，可在行间撒些麦秸降温、保湿。

(4) 冬葱　冬季因气温低，细香葱生长缓慢，所以生产上一般采用晚秋葱延迟采收的办法供应节日市场。10～11月移栽，1～2月采收。

5. 细香葱的繁殖方法有哪些？

细香葱的繁殖方法主要有种子繁殖、分株繁殖和鳞茎繁殖。

6. 细香葱如何利用种子进行育苗繁殖？

选择地势平坦、灌排条件好、土壤肥沃的田块，不宜多年连作，一般1～2年与大豆、玉米及其他蔬菜作物进行换茬。前茬作物收获后随即施肥、耕翻，一般每亩施腐熟厩肥或粪肥2000～2500千克、蔬菜专用肥25～35千克，施肥后精整细耙做畦，畦宽2～2.5米，沟宽40厘米、深15～20厘米，沟畦要配套，做到能灌能排。其水源、土壤、大气质量应符合安全生产的产地要求。

最好使用新鲜种子，因其寿命只有 2 年左右。常在 3～4 月播种，也可在 9～10 月播种，发芽适温 13～20℃。采用条播或撒播的方式，条播间距 10 厘米，覆土约 1～2 厘米，浇透水，温度合适时约 2 周发芽。夏季高温时节，可用遮阳网遮盖降温，冬季可用地膜覆盖或在小拱棚中播种，能够增温促其全苗。选用的种子发芽率要达 75％以上，低于 50％的种子不宜作种用。

小苗生长较为缓慢，播种后 40～50 天即可移栽。畦作。

细香葱是株丛生长植物，植株分蘖力强，栽前应剪掉过长的须根。移栽时，株行距（12～13）厘米×（13～15）厘米，每穴 2～3 株，栽后及时浇好活棵水。也可播种后不经移栽直接采收，一般播种后 60～80 天采收。

由于细香葱的根系分布较浅，吸收能力较弱，故不耐浓肥、不耐旱，与杂草竞争力较差。因此，在水、肥管理上必须小水勤浇，保持土壤湿润。一般 7 天左右浇一次水，结合追肥，可用 10％腐熟稀粪水或 0.5％尿素稀肥水每亩浇 1000～1500 千克。细香葱栽植成活后开始分蘖，分蘖上可以再抽生二次分蘖，一般栽后 2～3 个月株丛已较繁茂，即可采收。

7. 细香葱如何利用分株方式进行繁殖？

分株繁殖时，每年 3～5 月份或 9 月份分株栽植。

栽前施足基肥，栽植穴距15厘米，每穴栽5～7株。缓苗后中耕锄草，加强肥、水管理。作为二年生栽培的，晚秋应减少收获，以提高植株的耐寒力和越冬能力。当栽培3～4年，植株分蘖力减弱，叶子变短，产量降低时，需更新。

无论分株繁殖或育苗移栽的细香葱，栽的深度宜浅不宜深，密度宜密不宜稀。

8. 如何防治细香葱病虫害？

细香葱的病虫害防治应该采取“预防为主，综合防治”的方针，多选择农业防治、物理防治、生物防治，减少化学农药的使用量，采取无公害防治。

为害细香葱的病害主要有灰霉病、霜霉病、疫病。对细香葱病害的防治应掌握在苗期和发病初期喷药防治，防治霜霉病、疫病对口药剂有甲霜灵·锰锌、噁霜灵·锰锌（杀毒矾、恶霜·锰锌）、烯酰吗啉（安克）、霜脲·锰锌（克露）等；防治灰霉病有腐霉利（速克灵）、异菌脲（扑海因）、多菌灵，为了增加药剂黏着性，可在药液中加适量辅助剂。

为害细香葱的虫害主要有葱地种蝇、美洲斑潜蝇、葱蓟马、甜菜叶蛾。防治虫害应在幼虫始盛期用药。

9. 有机生态型无土栽培具有哪些特点？

有机生态型无土栽培是一种以有机基质为主的复

合基质槽培技术，这种栽培方式将固态有机肥或无机肥混合于基质中，生长期间不用传统的无土栽培营养液灌溉，而是在使用有机固态肥的基础上直接用清水灌溉。在作物的整个生长期中，可采取类似于土壤栽培浇水、追肥等管理措施。

有机生态型无土栽培从基质到肥料均以有机物质为主，其有机质和微量元素含量高，在养分分解过程中不会出现有害的无机盐类，特别是避免了硝酸盐的积累。植株生长健壮，病虫害发生少，减少了化学农药的污染，产品洁净卫生、品质好，可达 A 级或 AA 级“绿色食品”标准。

有机生态无土栽培基质的原料资源丰富易得，处理加工简便，如玉米、向日葵秸秆，农产品加工后的废弃物如椰壳、蔗渣、酒糟，木材加工的副产品如锯末、树皮、刨花等，都可按一定配比混合后使用。为了调整基质的物理性能，可加入一定量的无机物质，如蛭石、珍珠岩、炉渣、砂等，有机物与无机物之比（按体积计）可自 2∶8 至 8∶2。生产者可根据当地的具体情况，选择本地区来源丰富的基质，基质需混合使用。

10. 有机生态型无土栽培需要哪些设施设备？

有机生态型无土栽培系统（图 5-1）包括栽培槽、栽培基质、灌溉系统等。栽培槽框架可以使用砖、水泥、塑料泡沫板和木板等来建造。槽宽 96 厘米，过道宽 48 厘米。槽长一般不超过 40 米，日光温室内槽长一般 6～8 米，栽培槽的高度一般为 15 厘米，如果用砖垒的话就是 3 层砖。栽培槽的底部采用塑料薄膜把基质和土壤隔开，既能防止土传病虫害，又能保水保肥。塑料薄膜上铺粗基质，用于贮水和贮气。粗基质可采用粗砂、石子、粗炉渣等，粗基质厚度 5 厘米即可。粗基质上铺一层可以渗水的塑料编织布，在塑料编织布上铺栽培基质。

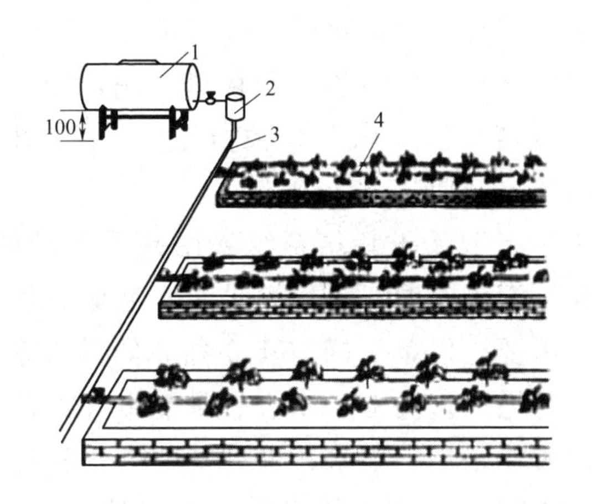

图 5-1　有机生态型无土栽培系统（单位：厘米）

1—贮液罐；2—过滤器；3—供液管；4—滴灌带

栽培基质的配制是有机生态型无土栽培的核心内容。栽培基质的原料分为两大类：一类是无机基质，种类较多，如蛭石、珍珠岩、陶粒、炉渣、煤矸石、风化煤等。只要成本不高、取材方便、理化性质符合需要都可以使用。有机基质可以用菇渣、农作物秸秆等。

在配制基质之前，要先把有机基质粉碎，再高温发酵，降低碳氮比，发酵还有消毒杀菌的作用。

采用2～3种有机基质材料、1～2种无机基质材料进行混配，效果比单一的有机基质和无机基质材料要好得多。常用的混合基质有（体积比）：4份草炭、6份炉渣；5份葵花秆、2份炉渣、3份锯末；2份草炭、6份玉米秸、2份炉渣等。基质的养分水平因所用有机物质原料不同，可有较大差异，以后通过追肥保证作物对养分的总体需求。

栽培基质混配好后填入栽培槽备用，经过处理和混配好的栽培基质可以连续种植3～4年，对作物的产量和品质不造成显著影响。

有机生态型无土栽培系统采用基质槽培的形式，以清水作为灌溉水源，采用简易节水灌溉设施可以满足供水的需要。以单个棚室建立独立的供水系统，由阀门、主管道、过滤器、水表、微灌带等部件相连而成。水源可以采用自来水，也可以用压力泵供水。

无土栽培一般要实行高产优质栽培和设施栽培、反季节栽培相结合，以获得高效益。

11. 细香葱有机生态型无土栽培应如何选择品种？

细香葱无土栽培一般为周年生产或进行保护地栽培，应根据当地气候特点、栽培目的和栽培条件，选择适宜的品种。保护地栽培，一般进行冬春栽培及秋冬延后栽培。

12. 细香葱有机生态型无土栽培应如何进行育苗？

无土育苗是无土栽培的基础。无土育苗具有加速秧苗生长、缩短苗期、易于培育壮苗和避免土传病虫害的作用。育苗方法可采用穴盘育苗或营养钵育苗。穴盘育苗的基质可选用1份泥炭加1份蛭石，再加少量专用肥混合均匀，装入穴盘后浇透水即可播种。种子播前要进行杀菌催芽处理，播完后再覆盖一层0.5厘米厚的蛭石，表面稍稍洒点水。冬春季要盖上塑料薄膜保温，夏秋季要盖报纸保湿降温，出苗后及时撤去覆盖物。

基质在使用前及栽培一茬作物后，都应消毒，以免发生病虫害。消毒方法主要是用太阳能消毒。

利用夏季高温，在温室或大棚中，把基质堆成20～25厘米高的堆，用水喷湿基质，使其含水量达到70%左右，然后用塑料薄膜覆盖基质堆，密闭温室或大棚，棚内温度可以达到70℃，基质的温度可以达到50～60℃，暴晒15～20天，病菌、害虫都会闷热而死，消毒效果良好，解决了连茬减产的问题。此法安全、实用，在保护地无土栽培基质消毒中已普遍应用，也适宜土壤消毒。

13. 细香葱有机生态型无土栽培应如何进行肥、水管理？

定植前栽培基质需要施基肥，基肥一般采用有机生态型无土栽培专用肥。施肥按基质体积计算，每立方米基质施肥10～20千克。施肥时先将肥料均匀地撒在基质的表面，然后将基质和肥料混匀。定植前提前1～2天灌水，使基质的含水量达到近饱和，还应避免作物定植时基质还处于浸泡状态。定植时要注意防止伤苗和保持适宜的株距。

秧苗定植后视槽宽铺上1～4条滴灌带，滴灌软管一头接在主管上，另一头扎紧，滴头朝上平铺在栽培基质上，并在滴灌带上面覆盖塑料薄膜，防止水喷到走道上，同时还可起到降低温室湿度的作用。

14. 细香葱有机生态型无土栽培定植后如何管理？

（1）追肥 定植后20～25天开始追肥，收获前30天停止追肥。使用生物有机肥无土栽培专用肥作为追肥，撒施、堆施和穴施均可，以穴施的效果最好。

（2）水分管理 水分管理是有机生态型无土栽培能否取得满意效果的关键技术之一。要根据细香葱的生育期和栽培季节确定灌水定额，并依据栽培作物的大小和基质的含水状况调整灌水量。定植后根据细香葱的生长状况、基质的含水量和天气变化、季节等综合因素进行水分管理。

（3）温湿度管理 为了充分体现有机生态型无土栽培技术的潜力，达到更加满意的栽培效果，相关的配套技术也十分必要。通过草帘、保温幕覆盖可以达到增温、保温的作用，通过遮阳网、喷雾装置、湿帘、风扇等可以达到遮阴、降温的效果。

湿度的调控可以通过浇水、喷雾、通风、强制通风等方式调控。通风还可以补给温室中的二氧化碳。

(4) 病虫害防治　病害防治应遵循预防为主的原则，加强环境调控，特别是温湿度的控制。

防虫网能有效防止害虫进入温室中，悬挂粘虫黄板可以有效降低蚜虫、白粉虱、斑潜蝇等虫口的密度，挂蓝板可以诱杀蓟马等害虫。

使用安全、合格的硫黄熏蒸器能够有效地防治各种叶面真菌性病害，另外还要注意严防农事操作传播病虫害。

第六章

葱病虫草害防治技术

1. 植物病虫草害防治原则是什么？

蔬菜是人们日常生活中必不可少的食品，蔬菜产品的质量安全关系到广大消费者的身体健康。近年来，各级政府部门高度重视这项工作，制定了多部与蔬菜安全生产有关的标准，如第一章所述。因此，在葱生产中要遵循相关的法律、法规，在葱病虫草害防治中，要牢固树立“公共植保”和“绿色植保”理念，贯彻“预防为主，综合防治”的植保方针，以农业防治为基础，提倡进行物理防治、生物防治和生态防治，科学使用化学防治技术，最大限度地降低农药用量，减少污染和残留，按照病虫害发生规律，实施综合防治，注重从引种育苗到上市销售的全过程、全方位的具体防治，使产品质量符合国家安全食品标准规定。

 植物病虫草害农业防治主要有哪些措施？

(1) 严格植物检疫 植物检疫是指为了防止危险性生物随植物或其产品传播蔓延，根据国家颁布的法令和条例，对植物及其产品在运输过程中进行检疫检验；发现带有被确定为检疫对象的有害生物时，即采取禁止、限制运输及进出境等防范措施。

植物检疫可分为国内检疫（称为内检）和国际检疫（称为外检），主要由国家检疫机关执行。对检疫对象的确定、检疫检验的处理等，国家都有较明确的条文规定和操作程序。

严禁引入检疫对象，重点从种子上把好关。大葱霜霉病、紫斑病、褐斑病等都可以随种子传播，因此，要对大葱种子实行严格检疫。有检疫对象的种子一律不准引入或向外调运，把好种子传播关是一项十分重要的病虫草害防治措施。

(2) 选用抗病品种 选用抗病品种是经济、安全、有效地防治病害的措施，并可减少农药使用。选栽品种时，在保证产量、质量、适合地块、适合市场需求的前提下，尽量选择抗病的品种，尤其是抗危害性较大的病害的品种。一个抗病品种往往只抗一种或几种主要病害，生产者在选择品种时应注意选择抗当地主要病害的品种。从生态型差别很大的地区引进新品种时更应注意抗病性问题。同时也不能长期使用同一抗病品种，否则，品种的抗病性易丧失。

(3) 培育、种植无病毒苗 大葱健壮秧苗抗病力强，并且病害容易从苗期开始发生。因此，培育健壮秧苗十分重要。

(4) 合理轮作、间作 为防止病毒病和其他病害的发生和蔓延，提倡轮作，一般不要在一块地上连续种植。选择前茬为非葱蒜类或十字花科蔬菜的地块种植大葱，如条件允许，可与小麦、玉米轮作3～5年以上，避免葱蒜混作和连作。合理轮作是消灭病原、改变杂草群落的有效措施。

(5) 加强栽培管理 加强对葱的栽培管理，可有效抑制病虫草害的发生，具体有以下措施：实行平衡施肥，多施有机肥，重施磷、钾肥，合理施用氮肥，促进植株健壮生长，提高植株抗病能力；合理密植，改善通风透光条件，降低田间湿度；雨后及时排水，防止葱地过湿，提高根系活力，增强抗病力；搞好园地卫生，消灭病菌、害虫侵染来源。收获后要彻底清园，烧毁一切病残体。

3. 植物病虫草害物理防治有哪些措施？

(1) 阻隔方法 利用地膜、黑膜、防虫网等各种功能膜防病、抑虫、除草。防虫网覆盖技术是隔离防治蔬菜害虫的一种方式，主要是利用人工构建的隔离屏障，将害虫拒之网外，这是生产有机、绿色、无公害蔬菜的新技术。蔬菜覆盖防虫网后，基本上能免除菜青虫、小菜蛾、甘蓝夜蛾、甜菜夜蛾、斜纹夜蛾、棉铃虫、瓜绢螟、黄曲条跳甲、二十八星瓢虫、蚜虫、美洲斑潜蝇等多种害虫的为害，控制由于害虫的传播而导致的病毒病的发生，还可保护天敌。可在温室通风口处设防虫网阻隔蚜虫。也可利用害虫对光等有趋避性进行驱赶，或挂银灰色地膜条驱避蚜虫。

(2) 诱杀方法　根据害虫的趋色性，制成带颜色的粘板，害虫飞近就会被粘住。如用黄色捕虫板可诱杀蚜虫、白粉虱、斑潜蝇等。此法可有效控制温室内这几类害虫，每亩挂 30～40 块。大葱地里挂蓝板，主要诱杀蓟马等害虫。

也可利用害虫的趋光性对其进行诱杀。如用频振式诱虫灯、白炽灯、高压汞灯诱杀有趋光性的夜蛾科害虫等。频振式杀虫灯是利用害虫趋光、趋波、趋色、趋性信息的特性，将光的波长、波段、波的频率设定在特定范围内，引诱成虫扑灯。灯外配以频振式高压电网触杀，使害虫落入灯下的接虫袋内，可以诱杀小菜蛾、菜青虫、甜菜夜蛾、斜纹夜蛾、地老虎、跳甲、蝼蛄、棉铃虫等成虫，控害效果十分明显。

(3) 捕杀与诱杀结合　在虫害刚发生时，利用害虫的趋化性进行诱集，可用糖醋诱杀葱蝇、斜纹夜蛾、甘蓝夜蛾和地老虎等害虫，然后人工集中消灭。其配方按糖：醋：酒：水为3：3：1：10 的比例，加入适量敌敌畏，装入直径 20～30 厘米的盆中放到田间，每 200 平方米放 1 盆，注意随时添加溶液，保持盆不干。

(4) 利用昆虫信息激素诱捕害虫 性诱剂杀虫是近年来在我国兴起的一种高效绿色植保技术，就是利用昆虫的性信息素引诱异性昆虫进入诱捕器将其杀死。在虫害多发季节，每亩排放水盆3～4个，盆内放水和少量洗衣粉或杀虫剂，水面上方1～2厘米处悬挂昆虫性诱剂诱芯，可诱杀大量前来寻偶交配的昆虫。目前已商品化生产的有斜纹夜蛾、甜菜夜蛾、小菜蛾、小地老虎等的性诱剂诱芯。

4. 植物病虫草害生物防治主要有哪些措施?

利用各种有益生物或生物的代谢产物来控制病虫害的方法称为生物防治法。生物防治目前多用于控制虫害，其特点是不污染环境，不易破坏生态平衡，对人、畜和栽培作物安全，害虫也不会产生抗性，而且防治效果好。生物防治技术主要包括以虫治虫、以菌治虫、以病毒治虫、用其他有益生物制剂防治病虫害等。

如用瓢虫、草蛉、烟蚜茧蜂、螳螂防治蚜虫；利用赤眼蜂防治菜青虫、小菜蛾、斜纹夜蛾、菜螟、棉铃虫等害虫。放蜂要根据虫情调查，掌握在害虫产卵初期或初盛期放蜂。用丽蚜小蜂防治温室白粉虱；利用捕食性蜘蛛防治螨类；食蚜蝇、猎蝽等也是捕食性昆虫天敌。

用苏云金杆菌（Bt）制剂防治多种鳞翅目害虫，用菜青虫颗粒体病毒防治菜青虫或与苏云金杆菌混用防效更好，或用斜纹夜蛾核形多角体病毒防治斜纹夜蛾等。

5. 植物病虫草害生态防治有哪些措施？

有害生物与宿主对环境条件的要求存在一定差异，利用这种差异，创造一个有利于栽培作物生长、而不利于有害生物发生的环境条件，从而达到减轻危害的目的，即生态防治。生态防治在保护地栽培应用较广泛，根据病菌、蔬菜对生态条件的不同要求，调节设施温、湿度和光照等均可有效地控制许多病害。在保护地栽培中进行温、湿度的生态调控，可有效地防治霜霉病。叶面上凝结的水珠是霜霉病等病害发生的先决条件，叶面结露再加上适宜的温度病害就会迅速蔓延。通过调节通风，控制棚内温、湿度，减少叶片结露，可使病菌失去有利萌发的生态环境条件，减少病害的发生和蔓延。

6. 植物病虫草害化学防治应注意哪些事项？

化学防治是目前防治有害生物最好的应急措施，见效快，防治效果明显，且农药品种多，针对性强，对病虫害防治效果好。化学防治关键在于科学、合理地使用农药，正确的使用方法会起到事半功倍的效果。在进行药剂防治时，优先使用植物源、微生物源和昆虫生长调节剂，有限量地合理使用矿物源农药

（硫、铜制剂）。有限度地使用部分高效、低毒、低残留化学农药，其选用品种、使用次数、使用方法和安全间隔期，应按GB/T 8321《农药合理使用准则》的所有部分的要求执行。按照安全大葱生产规程开展葱类生产，严禁使用高毒、高残留农药，严格遵守农药安全间隔期。提倡不同类别的农药交替、轮换使用，延缓害虫的抗性发展。

（1）植物源农药 提取植物中对害虫有杀伤作用的有效成分研制的杀虫剂，在生产上的应用不断扩大。如藜芦碱制剂、苦参碱、印楝素、烟碱、鱼藤根、除虫菊素、双素碱等植物源农药可防治蔬菜的多种虫害。

（2）微生物源农药 指利用具有繁殖能力的活体微生物或活体微生物的代谢产物制成的真菌制剂、细菌制剂、病毒制剂、昆虫病原线虫、昆虫病原立克次体等。细菌杀虫剂如苏云金杆菌，即Bt制剂可有效防治十字花科叶菜类的菜青虫、小菜蛾、菜螟等重要害虫；真菌杀虫剂白僵菌可防治菜青虫、夜蛾等害虫。病毒型杀虫剂如被列入农业部发布的无公害农产品生产推荐农药品种的有甜菜夜蛾核多角体病毒、银纹夜蛾核多角体病毒、小菜蛾颗粒体病毒和棉铃虫核多角体病毒，用于防治菜青虫、斜纹夜蛾、棉铃虫等；农用抗生素如农抗120、武夷菌素防治白粉病、炭疽病，可用甲氨基阿维菌素苯甲酸盐（简称甲维盐）防治小菜蛾、菜青虫、斑潜蝇等。

（3）动物源农药 指动物体的代谢物或其体内所

含有的具有特殊功能的生物活性物质，主要包括动物毒素以及调节昆虫的各种生理过程的昆虫激素、昆虫信息素。动物源农药选择性高，一般不会引起抗性，且对人、畜和天敌安全，能保持正常的自然生态平衡而不会导致环境污染，是生产安全农产品应该优先选用的药剂。

我国目前已大量推广使用或正在推广的品种有除虫脲、氟苯脲、氟虫脲、丁醚脲、虫酰肼、虫螨腈等。

(4) 矿物源农药 矿物源农药是指由天然矿物原料的无机化合物或矿物油经加工制成的杀虫剂、杀菌剂、杀鼠剂和除草剂。目前使用较多的有矿物油乳剂、硫制剂和铜制剂等。

(5) 有限制地使用中等毒性农药 中等毒性农药主要品种有：敌敌畏、抗蚜威、氯氟氰菊酯、氰戊菊酯、毒死蜱、高效氯氰菊酯等。

(6) 使用化学农药应注意的问题

① 合理选用农药。要选用高效、低毒、低残留药剂适时防治。

② 适时用药防治。

③ 合理使用烟雾剂。设施栽培时用具有广谱杀菌和杀虫效果的烟雾剂防治，可明显提高防效且农药残留少，还可改善棚内小气候。目前市场上销售的烟雾剂种类以杀菌剂为主，杀虫剂较少，有10%腐霉利（速克灵）烟剂、45%百菌清（达科宁）烟剂等。在生产上使用烟雾剂时要注意两点：一是合理施药。在

发病前或发病初期均匀布点，在傍晚由内向外点烟雾剂，出烟后立即密闭棚门，连用3～4次，两次之间间隔期为7～10天。二是安全用药。点燃烟雾剂后，人要及时退出大棚，次日待通风后方可进入棚内。收获大葱前7～10天停止用药。

7. 植物营养元素失调症发生有何特征？

蔬菜营养元素失调症又叫生理性病害，传统上又叫非侵染性病害，这类病害没有传染能力。

生理性病害由各种外部环境因素引起，如养分失调、水涝、干旱、高温、冷冻、强烈光照、药物毒害、固体或气体物质污染等，与由真菌、细菌、病毒、线虫和寄生性高等植物引起的植物病害有区别。在营养元素失调中又分为因缺乏某种养分而导致的缺素症和土壤中某种养分过多而导致的过剩症。

发生缺素症时，叶片会自上而下或由下而上呈现较强的规律性症状。缺素症一般无发病中心，以散发为多，作物缺素症的出现与土壤类型、特性有明显关系，而与地上部空气湿度关系不大。但土壤长期滞水或干旱可促发某些缺素症。

8. 葱主要有哪些营养元素失调症？如何预防？

大葱主要有以下营养元素失调症：

① 缺氮症　生长差，叶色淡绿。在外叶上先出现

症状。

② 缺磷症 生长差，但不像缺氮症那样叶色淡绿，叶多浓绿，无光泽。在外叶上先出现症状。大葱对磷的要求以幼苗期最敏感，苗期缺磷时会严重影响大葱的最终产量，如果苗期磷供应充足，即使定植后磷元素不足，在后期采取追肥措施，仍可取得较高的产量。

③ 缺钾症 在叶上发生黄绿色的条斑，易从叶尖干枯。当生长到一定程度时，外部叶片开始出现白褐斑，后波及内叶。在葱白形成期应加强钾肥的施用。

④ 缺钙症 新叶的中下部分发生不规则形的白色枯死斑点。

⑤ 缺镁症 叶色淡，叶脉间呈淡绿色。外部叶开始出现症状，后波及内叶。

⑥ 缺铜症 叶色淡，生长弱。在外叶上先出现症状。

⑦ 缺锰症 新叶（内叶）叶脉间部分淡绿色，严重时发生不规则的白斑。

⑧ 缺铁症 新叶的叶脉间淡绿色，然后整片新叶呈淡黄绿色。

⑨ 缺硼症 严重缺硼新叶生长发育受阻、枯死，易畸形。

⑩ 硼过剩症 老叶的顶部开始枯死，接着往下干枯。

⑪ 锰过剩症 叶上到处发生黄白色条斑，条斑相连产生黄白斑。

⑫ 锌过剩症　新叶叶脉间淡绿色。

⑬ 铜过剩症　生长发育受阻，新叶显示缺铁症状。

除氮、磷、钾外，钙、镁、硼和锰对大葱的生长也有较大的影响。在三要素满足供应的情况下，增施钙、锰和硼肥效果最为显著，表现为葱白长而粗，产量高。

为预防缺乏营养元素，可采取根外追肥。8～9月份结合防治病虫害，每10天喷施一次营养液——千分之二的氮、磷、钾、钙、镁、硫、锌等元素肥料。如用0.1%～0.3%硝酸钙、0.1%氯化镁喷雾。

9. 如何识别和防治大葱猝倒病？

(1) 病害诊断　猝倒病是育苗期重要病害之一，该病可为害多种菜苗，也可为害部分果菜类果实。猝倒病在出苗前往往造成烂种和烂芽，导致不能出苗。出苗后，在葱秧基部产生水渍状浅黄褐色病斑，似水烫状，暗褐色。继而绕茎一周使基部变成细缢缩倒伏，在低温高湿条件下，该病发展迅速，造成大片死苗，病残体及附近地表上长出一层白色絮状物，即为病菌的菌丝体和孢子囊。

(2) 发病条件　本病病原为腐霉属中的一些真菌。腐霉菌生长最低温度为5～6℃，最适温度为26～28℃，最高温度为36～37℃。高湿度极易发病，并且腐生性较强，能在土壤中的寄生残体上腐生4年。腐霉菌是土壤习居菌，在土壤中长期腐生，并形成卵孢子渡过不良环境，为土传性病害，主要以卵孢子在土壤中、菌丝体在土壤中的病残体或其他有机物上腐生，混入堆肥中越冬，病菌主要由水和人的农事操作传播。高湿度是幼苗发病的主要条件。另外，阳光不足、连作、苗圃地选择不当（如地势低洼、土质黏重、曾发生过猝倒病又未进行彻底消毒）、整地质量差、施用未经高温腐熟的混有病原体的堆肥、播收不当等均会导致发病。

(3) 防治措施

① 采取无病土育苗或土壤苗床消毒　每平方米可用64%噁霜灵·锰锌（杀毒矾）可湿性粉剂25克加细干土10～15千克拌匀，下铺上盖。

② 加强苗床管理　苗床选在地势高燥处，并施充分腐熟的有机肥；增温保温，控温控水，发现病苗及时剔除。

③ 化学防治　发现病苗及时喷施58%甲霜灵·锰锌（瑞毒锰锌）500倍液或64%噁霜·锰锌500倍液，隔5～7天1次，连用2～3次。

10. 如何识别和防治大葱霜霉病？

(1) 病害诊断　系统性侵染，主要侵害叶和花梗。在黄绿色的病斑上生有一层白色霉状物，白色霉层为霜霉病菌的菌丝体、孢子囊梗和孢子囊，后期病部受其他菌的腐生产生黑色霉。

葱的基部感染，能使病株矮缩，叶畸形或扭曲。叶片染病，潮湿时初在叶上产生黄白色或乳黄色的病斑，呈纺锤形或椭圆形，其上产生白霉，后变暗紫色；若在叶的中下部感病，则在感病部的上部叶片干枯死亡。花梗染病，初呈黄白色纺锤形或椭圆形病斑，严重时花梗病部软化易折断。湿度大时病部能长出大量白霉，干燥时叶片变为污白色或淡黄色。有时只有叶尖发病变白枯死。

(2) 发病条件 真菌性病害。霜霉病的病菌主要以卵孢子随病残体在土中越冬，或以菌丝体潜伏在葱、蒜上越冬，也可以在种子上越冬。第二年春天病菌孢子由雨水反溅到叶片上，孢子萌发后由气孔处侵入，也可以由潜伏在越冬宿主上的菌丝随叶片的生长而扩展，二者均成为春季病虫害的初侵染来源。当植株发病后，在病叶上大量产生病菌的孢子囊，然后靠气流传播，在田间扩散蔓延。这样不断地侵染，不断地产生病菌，造成更大的危害。

病菌喜温暖、高湿环境，发病最适宜的环境条件为温度 13～25℃，相对湿度 90%以上。当环境温度 15℃时，潜伏期为 5～10 天。在春季和初夏，由于白天温暖，夜晚凉爽，天气连阴多雨，利于病害的发生。尤其是连续的重雾天，常会造成霜霉病的大流行。地势低洼、土壤黏重、大水漫灌、过于密植、生长不良的地块，发病严重。

(3) 防治措施

① 要与非葱蒜类作物实行 2～3 年的轮作。

② 在不影响大葱生长的前提下尽量降低田间湿度，增长植株长势，提高抗病力。

③ 化学防治。发病初期喷洒72%霜脲·锰锌（霜疫清）可湿性粉剂600倍液，或58%甲霜灵·锰锌可湿性粉剂700倍液，或52.5%噁唑菌酮·霜脲氰（抑快净）1800倍液，或60%氟吗啉·锰锌（施得益）600倍液，70%三乙磷酸铝·锰锌可湿性粉剂500倍液，或64%噁霜灵·锰锌可湿性粉剂600倍液，或72.2%霜霉威（普力克）水剂700倍液，或68%精甲霜·锰锌（金雷）水分散粒剂600～800倍液，或50%烯酰吗啉（安克）可湿性粉剂1500～2000倍液，或70%代森联（品润）干悬浮剂600～800倍液，或75%的百菌清可湿性粉剂600倍液等，喷雾防治。每隔7～10天1次，连用2～3次，具体视病情发展而定。为提高药剂的黏着性可混加洗衣粉500倍液。实践发现，在霜霉病流行的季节，大雾天雾散后喷清水有防治葱类霜霉病的作用。

11. 如何识别和防治大葱锈病？

(1) 病害诊断　主要危害叶、花梗及绿色茎部。叶片、花梗染病，发病初期表皮上产生椭圆形或梭形病斑，病斑中间呈灰白色，四周具浅黄色晕环，而后形成稍隆起的橙黄色疱斑，即病菌夏孢子堆。后疱斑表皮破裂向外翻，散出橙黄色粉末（夏孢子）。在后期（秋后）病部长出黑褐色小点，即病菌的冬孢子堆，里面包着冬孢子。发病严重时，整个叶片布满病斑，病叶呈黄白色枯死，失去食用价值。

(2) 发病条件 此病由真菌侵染引起。可侵染葱、洋葱、韭菜、大蒜等百合科蔬菜。锈病以冬孢子和夏孢子在病残体或越冬的病株上越冬。第二年春天由夏孢子通过气流分散传播，也可以通过雨水传播。当夏孢子萌发后从叶片的气孔或直接由表皮侵入。植株发病后又会产生夏孢子，进行再次侵染。锈病的发生喜欢高湿低温的气候条件，锈病孢子萌发的最适温度是9～18℃，相对湿度90%以上，潜伏期是10天。当气温高于24℃时发病受到影响。春、秋季低温、多雨则发病重。在北方如果冬季温暖湿润，有利于孢子的越冬，来年春季锈病严重。在夏季如果低温多雨，则秋季发病严重。田地肥力不足，植株生长不良，也是发病严重的一个因素。

(3) 防治措施

① 防治锈病首先要提高土壤肥力，多施磷、钾肥，增强植株的抗病能力。

② 发病重的田块要提前收获，并避免在附近种植葱蒜类蔬菜。

③ 发病初可用20%三唑酮（粉锈宁）乳油1800倍液，或12.5%烯唑醇（速保利）可湿性粉剂3000倍液，或70%代森锰锌可湿性粉剂1000倍液，或25%丙环唑（敌力脱）可湿性粉剂3000倍液，或25%丙环唑乳油3000倍液，喷液防治，每隔10天1次，酌情喷施2～3次。

一定要在发病初期开始喷药，否则效果很差。

12. 如何识别和防治葱紫斑病？

（1）病害诊断　该病主要侵害叶片和花梗，多从叶尖和花梗中部发病。初发病的病斑为白色，中央带紫色，稍凹陷。后病斑逐渐扩大，变成圆形或纺锤形具有同心轮纹状的紫色大斑，在病斑上长有一层黑霉，这是病菌的分生孢子梗和分生孢子。发病严重时，数个病斑交接形成长条形大斑，可使全叶变枯黄或折断。种株花梗受害后，常造成种子皱缩，不能充分成熟而影响种子发芽率。

（2）发病条件　大葱紫斑病是真菌性病害，侵染葱、洋葱和大蒜。在南方该病以病菌的分生孢子终年在葱类植物上辗转侵染，在北方则以菌丝体在越冬的大葱上或地下的病残体上越冬，第二年再产生分生孢子侵染植株。病菌靠气流或雨水在田间传播，并由气孔或表皮侵入，导致发病。种子也可带菌，并随种子的调运远距离传播。葱紫斑病的发生需要高湿度，孢子的萌发和侵入则需有雨水或露水。最适温度是25～27℃，低于12℃不发病。因此，高湿多雨的夏季发病严重，植株营养不良也会加重病情的发展。

（3）防治措施

① 要与非葱蒜类作物实行2～3年以上的轮作，加强肥、水管理，提高植株抗病性。

② 在苗期或田间发病初期开始喷药保护。可用

10%多抗霉素（宝丽安）可湿性粉剂1500倍液，或75%百菌清可湿性粉剂500～600倍液，或70%甲基硫菌灵（甲基托布津）可湿性粉剂1500倍液，或70%代森锰锌（大生）可湿性粉剂700倍液，或64%噁霜灵·锰锌可湿性粉剂500倍液，或50%异菌脲（扑海因）可湿性粉剂1500倍液，或72%霜脲·锰锌可湿性粉剂600倍液，或68%精甲霜·锰锌水分散粒剂600～800倍液等，或58%的甲霜灵·锰锌可湿性粉剂500倍液，喷药时宜加入0.2%洗衣粉作展着剂，以上药剂应交替使用，每隔7～10天喷1次，连用2～3次，具体视病情发展而定。大葱收获前15天内禁止用药。

13. 如何识别和防治葱褐斑病？

（1）病害诊断 葱褐斑病又称叶尖黄萎病、叶斑病，主要为害叶片。叶片初染病时产生灰白色斑点，扩展后呈梭形病斑，长10～30毫米、宽3～6毫米，病斑中部灰褐色，边缘褐色，斑面上生黑色小点，即病菌子囊壳。严重时病斑融合，致叶片局部干枯。

（2）发病条件 本病为真菌性病害。病菌主要以分生孢子器或子囊壳随病残体在土壤中越冬，翌年借风雨或灌溉水进行传播，从伤口或自然孔口侵入，引起叶片发病。发病后病部产生分生孢子进行再侵染。种子也可带菌。气温18～25℃，相对湿度高于85%及土壤含水量高时易发病，栽植过密、生长势衰弱的重茬地发病重。南方终年可见，多雨高湿季节发病重。北方5～10月均可发生。

(3) 防治措施

① 选用耐热品种。

② 加强管理，雨后及时排水，防止葱地过湿。

③ 发病初期喷洒50%腐霉利可湿性粉剂1500倍液，或50%异菌脲可湿性粉剂1000倍液，或50%多菌灵可湿性粉剂1000倍液加75%百菌清可湿性粉剂1000倍液，或80%代森锰锌可湿性粉剂600倍液，每亩喷兑好的药液50升，隔10天左右1次，连续防治2～3次。采收前15天停止用药。

14. 如何识别和防治葱叶霉病?

(1) 病害诊断　葱叶霉病又称葱煤斑病。为害葱叶，叶片初呈水渍状褪绿斑点，扩展后形成不规则形、大小不一的病斑。病斑后变暗褐色下陷，上生黑色绒状霉层，即病原菌子实体。发病严重时，叶片干枯死亡。

(2) 发病条件　本病为真菌性病害。以菌丝体潜伏在病残体内越冬，以分生孢子进行初侵染和再侵染，靠风雨传播蔓延，天气温暖及连阴雨或田间湿度大，偏施、过施氮肥时易发病。

(3) 防治措施

① 收获后及时清除病残体，集中深埋或烧毁。

② 合理密植，适时适量浇水，雨后及时排水，防

止湿气滞留。

③ 发病初期喷洒36%甲基硫菌灵悬浮剂，或80%代森锰锌可湿性粉剂600倍液，或12%松脂酸铜（绿乳铜）乳油500倍液。间隔期为7～14天，收获前15天内禁止使用。

15. 如何识别和防治大葱黄矮病？

(1) 病害诊断 系统性侵染，大葱黄矮病又称大葱病毒病、大葱黄萎病、大葱萎缩病。大葱从苗期到成株均可得此病，得病株生长受阻，病叶生长停滞，叶片凹凸不平、皱缩扭曲，叶变细，叶尖逐渐黄化，叶片上有时产生长短不一的黄白色条斑或黄绿色斑驳。重病株严重矮化，叶扭曲变小、扁平，生长停止，蜡质减少，叶下垂变黄，严重者则全株萎缩枯死。

(2) 发病条件 该病为病毒性病害，病毒在宿主体内越冬，在田间主要通过蚜虫传播，汁液摩擦接种也能传播。高温、干旱时发病重。管理粗放，蚜虫为害重，则发病重。

(3) 防治措施

① 不和其他葱蒜类作物邻作，栽葱前除去田间杂草，剔除病苗。加强田间管理，增强植株抗病力。

② 及时防除蚜虫和蓟马。

③ 发病初期及时喷布10%混合脂肪酸水剂（83增抗剂）100倍液，或20%盐酸吗啉胍·乙酸铜（病毒A、病毒清）可湿性粉剂500倍，或5%菌毒清

（菌必清）水剂 500 倍液，隔 7～10 天 1 次，防治 2～3 次。

16. 如何识别和防治大葱灰霉病？

（1）病害诊断 大葱灰霉病又称白色斑点病，是大葱的主要病害。该病主要为害叶片。大葱灰霉病多从叶尖开始侵染，以后逐渐向下发展，病斑初为椭圆或圆形白色斑点，后逐渐连成片，使叶片卷曲枯死。湿度大时，枯叶上出现大量的灰色霉层，即病原菌分生孢子梗和分生孢子。“灰霉”为鉴别本病的主要特征。

（2）发病条件 此病由真菌侵染引起。病菌以菌丝、分生孢子或菌核在病残体上越冬，随气流、雨水、灌溉水传播蔓延。病菌喜冷凉、高湿环境，发病最适气候条件为温度 15～21℃，相对湿度 80%以上。

（3）防治措施

① 收获后及时清除病残体，防止病菌传播蔓延。

② 选用抗病品种，加强葱田管理，增强宿主抗病力。

③ 在发病初期开始喷药保护。药剂可选用 50%乙烯菌核利（农利灵）可湿性粉剂 1500 倍液，或 50%异菌脲可湿性粉剂 1000 倍液，或 50%多·霉威（多霉灵、前程）可湿性粉剂 1000 倍液，或 50%腐霉利可湿性粉剂 1500 倍液，或 40%嘧霉胺（施佳乐）悬浮剂 800 倍液，或 28%多·霉威可湿性粉剂 700 倍

液，或36%甲基硫菌灵悬浮剂500倍液，或50%多菌灵800～1000倍液，或25%甲霜灵可湿性粉剂1000倍液，轮换喷施，每隔7～10天1次，连用2～3次，具体视病情发展而定。

由于灰霉病菌易产生耐药性，应尽量减少用药量和施药次数，必须用药时，要注意轮换或交替及混合施用，如喷洒50%异菌脲可湿性粉剂2000倍液加65%甲霜灵粉剂1000倍液，有利于提高药效，降低成本，延缓耐药性产生。

17. 如何识别和防治大葱疫病？

（1）病害诊断 大葱疫病主要为害叶和花梗，叶部受害时初为暗绿色水浸状病斑，扩大后呈灰白色斑，周缘不明显。常导致叶片从上而下枯萎，叶尖枯黄下垂，严重时田块出现一片“干尾”，湿度大时病部长出稀疏白霉（即为病菌的孢子囊和孢子梗），天气干燥时白霉消失。剖检病叶，叶内壁可见棉毛状白色菌丝体。有别于葱尖生理性干枯。

（2）发病条件 此病由真菌侵染引起。病菌以卵孢子、菌丝体及厚垣孢子随病残体遗留在田间越冬。在环境条件适宜时，产生孢子囊和游动孢子，通过雨水或气流传播进行初次侵染。病部产生新生代孢子囊，借风雨传播进行再侵染。病菌喜高温高湿环境，发病最适宜的环境条件为温度25～32℃、相对湿度90%以上。

(3) 防治措施

① 与非葱蒜类蔬菜轮作，减少田间病菌来源。

② 加强田间管理，保护地栽培的应及时做好通风换气工作，收获后及时清除病残体。

③ 在发病初期开始喷药。药剂可选用72%霜脲·锰锌可湿性粉剂600倍液，或50%烯酰吗啉可湿性粉剂2500倍液，或72.2%霜霉威水剂1000倍液(每亩用药量100克)，或68%精甲霜·锰锌水分散粒剂600～800倍液，或25%嘧菌酯（阿米西达）悬浮剂1000～1500倍液，或64%噁霜灵·锰锌可湿性粉剂600倍液，或75%百菌清600倍液等，喷雾防治。每隔7～10天喷1次，连续喷2～3次。

18. 如何识别和防治大葱炭疽病?

(1) 病害诊断　本病为害叶、花薹和假茎。叶初被侵染呈近纺锤形、梭形至不规则斑点，边缘不明显，淡灰褐色至褐色，后期病斑上生许多黑色小点，即病菌分生孢子盘。发病严重时引起上部叶片枯死。

(2) 发病条件　本病属真菌性病害，以子座或分生孢子盘或菌丝体随病残体在土壤中染病的假茎上越冬，靠雨水飞溅传播。多雨年份长期遇连绵阴雨时，排水不良的低洼地发病较重。

(3) 防治措施

① 与非葱蒜类蔬菜轮作，减少田间病菌来源。

② 加强田间管理，降低田间湿度，收获后及时清

除病残体。

③ 在发病初期采用70%甲基硫菌灵可湿性粉剂1000倍液，或70%代森锰锌600倍液，或75%百菌清可湿性粉剂500倍液，或50%甲基硫菌灵胶悬剂500倍液喷施防治。收获前15天内禁止使用。

19. 如何识别和防治大葱软腐病？

(1) 病害诊断 本病一般先从茎基由下向上扩展，初侵染呈水渍状长形斑点，后产生半透明状灰白色病斑，接着叶鞘基部软化褪色，致叶片折倒，病斑向下扩展，假茎部染病初呈水浸状，后内部开始腐烂，散发出细菌病害所特有的恶臭味。

(2) 发病条件 该病为细菌性病害，除为害葱类外，还可侵染白菜、甘蓝、芹菜、胡萝卜、马铃薯、大蒜等作物。葱软腐病菌可在感病葱或其他蔬菜上越冬，也能随病残体在土壤中越冬。病菌通过未腐熟的肥料、雨水、灌溉水和种蝇、蓟马等害虫活动传播蔓延，细菌从伤口侵入。病菌发育适温为27～30℃，多雨、连作及种蝇、韭蛆、蛴螬等地下害虫为害严重的田块发病重。植株健壮、虫害少、伤口少、干燥时发病少。

(3) 防治措施

① 不与葱蒜类、十字花科等易感病害蔬菜轮作，减少田间病菌来源。

② 加强田间管理，增施有机肥，培育壮苗。及时

防治地下害虫和地上害虫，减少人为伤口。收获后及时清除病残体。

③ 发病初期选用77%氢氧化铜（可杀得）可湿性粉剂500倍液或72%链霉素（硫酸链霉素）可溶性粉剂2000倍，视病情隔7～10天防治1次，连防2～3次。上述药交替使用。

20. 如何识别和防治大葱菌核病？

(1) 病害诊断 在秋播大葱苗床，叶尖变黄、灰白色枯萎，停止生长。发病初，叶片或花梗先端变色，渐延及下方，叶色褪绿变褐，植株部分或全部下垂枯死。地下部变黑腐败。后期病部呈灰白色，内部长有白色绒状霉，并混有黑色短杆状或粒状菌核。幼嫩菌核乳白色或黄白色；老熟菌核茶褐色，致密坚实，表面光滑，易脱落。菌核多分布在近地表处。

(2) 发病条件 该病为真菌性病害，主要以菌核随病残体遗落在土中越冬。翌年条件适宜时，菌核萌发产生子囊孢子。子囊孢子借气流传播蔓延或病部菌丝与健株直接接触后侵染发病。种植大葱后，在土壤中长期生存的菌核，形成侵染源。从秋季到早春，菌核侵入苗的接近地面的部位和根部发病。病菌要求较低温度和高湿度。一年中，晚春至初夏温暖而多雨时易发病。

(3) 防治措施

① 选用抗病品种。

② 发病地与非葱蒜类蔬菜进行2～3年以上的轮作，合理密植、施肥，加强管理。

③ 发病初期可用50%多菌灵可湿性粉剂300倍液；50%甲基硫菌灵可湿性粉剂500倍液；40%菌核净（纹枯利）可湿性粉剂1000～1500倍液；50%腐霉利可湿性粉剂1500倍液；50%乙烯菌核利可湿性粉剂1000倍液；65%甲硫·霉威可湿性粉剂1000～1500倍液；50%异菌脲可湿性粉剂1000～1500倍液，上述药之一，每隔10天1次，酌情喷施2次。

21. 如何识别和防治大葱黑斑病？

（1）病害诊断 大葱黑斑病又称大葱叶枯病，主要为害叶和花薹，采种株更易发病。叶片发病初期出现黄白色长圆形病斑，而后迅速向上、下扩展，呈梭形，黑褐色，边缘有黄色晕圈，病斑上略显轮纹。后期病斑上密生黑色绒毛状霉层（即病菌的分生孢子梗和分生孢子）。发病严重时，叶片变黄枯死并折断。花薹染病，病斑围绕花薹，呈纺锤形，黑褐色，具有同心轮纹。在持续多雨、湿度大时，病斑发展迅速，花薹和花序受害变色黄枯，严重时留种花薹折倒，影响采种株的采种数量和质量。该病常与霜霉病、紫斑病混合发生。

（2）发病条件 此病由真菌半知菌亚门匐柄霉菌侵染引起。病菌以子囊座随病残体在土壤中越冬，翌年越冬菌产生子囊孢子，通过雨水反溅和气流传播，从宿主表皮直接侵入，引起初次侵染。病部产生的分生孢子，借风雨传播进行再侵染。病菌喜高温、高湿的环境，温暖多湿的季节发病重。种植过密、管理粗放、植株长势弱、通风透光差、氮肥施用过多及连作的田块发病重。田间不洁，遗留病残体多，施用未腐熟有机肥、连茬、土壤黏重、低湿积水等都有利于黑斑病的发生。

(3) 防治措施

① 农业防治　提倡与非葱类蔬菜隔年轮作，以减少田间病菌来源。施足有机底肥，增施磷、钾肥，合理密植，加强田间管理，清除田间病残体。

② 化学防治　发病初期开始喷洒 75%百菌清可湿性粉剂 600 倍液，或 50%异菌脲可湿性粉剂 1500 倍液，或 64%噁霜灵·锰锌可湿性粉剂 500 倍液，或 50%琥胶肥酸铜可湿性粉剂 500 倍液，或 60%琥·乙膦铝可湿性粉剂 500 倍液，或 14%络氨铜水剂 300 倍液，或1∶1∶100 波尔多液，或 70%代森锰锌可湿性粉剂 600 倍，或 50%腐霉利可湿性粉剂 1500 倍液，或 58%甲霜灵·锰锌可湿性粉剂 800 倍液，隔 7～10 天喷洒 1 次，连续防治 3～4 次。具体视病情发展而定。

22. 如何识别和防治大葱白腐病？

(1) 病害诊断　大葱白腐病又称黑腐菌核病。整个生育期均可发病。发病初期，茎基部出现水渍状病斑，茎基部变软，后呈干腐状，微凹陷，灰黑色，并沿茎基部向上扩展。地下部变黑腐败。湿度大时叶鞘表面或组织内生有白色绒状霉，以后变成灰黑色，并形成大量黑色球形菌核。植株生长衰弱，叶尖变黄，严重时整株变黄、枯死。

(2) 发病条件 该病由子囊菌亚门真菌侵染引起。病菌以菌核随病株残体在田间或在土壤中越冬，在根分泌物的刺激下萌发，长出菌丝侵染大葱的根或茎。营养菌丝在无宿主的土中不能存活，在植株间辗转传播。在气温15～20℃、土壤湿度大的条件下易发病，春末夏初温度较低、多雨的季节发生严重。在长期连作、排水不良、缺肥、植株生长不良时发病迅速。夏季高温不利于该病扩展。

(3) 防治措施

① 农业防治 实行3～5年的轮作。要选用无病菌种子及抗病优良品种。带菌种子可用占种子重量0.3%的50%异菌脲可湿性粉剂拌种；或用50%多菌灵可湿性粉剂按0.5%的比例拌种。培育无病菌壮苗、壮株，采取隔离、壮根、消毒等措施提高植株抗病性。增施优质腐熟有机肥。配合施用氮、磷、钾肥等化肥，并增施适量微肥，以提高土壤肥力。加强田间管理。浇水时忌大水漫灌，并及时排除渍水。及时拔除病株，消灭病残体，收获后集中将病残体深埋或烧毁。利用夏、冬季进行深翻晒垡，消灭土壤中的病原菌。

② 化学防治 病田在播种后约5周喷洒50%多菌灵可湿性粉剂500倍液或50%甲基硫菌灵可湿性粉

剂 600 倍液、50%异菌脲可湿性粉剂 1000～1500 倍液灌根淋茎。也可在贮藏期喷洒。隔 10 天左右防治 1 次，连防 1～2 次。

23. 如何识别和防治大葱线虫病？

该病以幼虫寄生于大葱根部，严重危害时造成根部腐烂，使整个植株变黄腐烂。引起葱线虫病的线虫有：葱头茎线虫，蛀食地下假茎及根茎；甘薯茎线虫，为害地下假茎及根茎部分，使其肿胀、破裂或腐烂；根腐线虫，为害根茎或假茎，呈现根部腐烂或植株无须根症状。

防治方法：采用 50%辛硫磷乳液（注：常用药量每亩 500 毫升，最多每亩 750 毫升，一个生长季最多施用 1 次，距离收获期不少于 17 天，下同）500 倍液行中浇灌，能有效地控制其危害。

24. 葱斑潜蝇为害有何症状？如何识别和防治？

葱斑潜蝇，又称葱潜叶蝇、韭菜潜叶蝇、串皮虫、叶蛆，属双翅目潜蝇科，是葱的毁灭性害虫。

(1) 为害特点　幼虫蛀食叶肉组织，形成曲线状或乱麻状隧道，被害处呈白色长条斑，仅剩上下表皮，严重时可使全叶枯萎，使大葱品质下降。

(2) 形态特征

① 成虫　小型蝇子，体长 2 毫米，头部黄色，头

顶两侧有黑纹；复眼红黑色，周缘黄色；触角黄色；胸部黑色，肩部、翅基部及胸背的两侧淡黄色，小盾片黑色；腹部黑色；足黄色，基节基部黑色，跗节先端黑褐色；前翅无色透明，翅脉褐色，后翅转化为平衡棒，黄色。

② 卵　白色到浅米黄色，为长椭圆形。

③ 幼虫　初龄幼虫乳白色，老熟时淡黄色，长大后体长可达4毫米、宽0.5毫米，细长圆筒形。

④ 蛹　长2.8毫米、宽0.8毫米，初期淡黄色，后变黄褐色，圆筒形略扁，后端略粗，壳坚硬。

(3) 生活习性　葱斑潜蝇多在华北、西北地区发生，喜温、湿条件，高温干旱对其不利，一般在春、秋两季发生重。1年发生3～5代，以蛹在土中越冬，成虫于5月上中旬出现并产卵，第一代为害小葱。成虫活泼，飞翔于葱株间或栖息于叶尖端，分散产卵于葱叶组织内，卵4～5日后孵化。此虫对糖醋液无趋性，但对葱汁液趋性强。因此，当雌虫用产卵器将叶刺伤时，雌、雄虫均可舔食刺伤点处的汁液。幼虫可在潜食的隧道内自由进退，幼虫老熟时即在隧道末端咬破叶表皮，脱离叶片，入土中化蛹。少数成熟幼虫在隧道中化蛹。

(4) 防治方法

① 农业防治　收获后及时清理田间病叶残体，深埋或烧毁；秋冬深翻土地，消灭越冬害虫，减少虫源。

② 物理防治　色板诱集法，利用害虫的趋色性

进行诱集，用黄色捕虫板诱杀斑潜蝇。通过在田间或大棚内悬挂用专用胶剂制成的黄色板，不但可监测葱斑潜蝇等害虫种群的发生动态，还可有效防治葱斑潜蝇等害虫，诱捕器上粘胶在自然条件下可维持1年。一亩地用20块黄板，主要防治潜叶蝇、蚜虫、粉虱、葱蝇等害虫，一般5月上旬开始就要在苗床悬挂。

③ 生物防治　利用姬小蜂的寄生性消灭斑潜蝇。

④ 化学防治　在幼虫为害初期可用0.5%甲氨基阿维菌素苯甲酸盐（简称甲维盐）微乳剂1500～2500倍液喷雾（注意：甲维盐在使用中经过大量临床发现，不能在作物的生长期内连续用药，最好是在第一次虫发期用过后，第二次虫发期使用别的农药，即间隔使用），或80%敌敌畏2000倍液，连续喷2～3次。收获前1周停止使用。

可在成虫盛发期喷洒10%灭蝇胺（斑蝇敌）悬浮剂1500倍液，或98%杀螟丹（巴丹）可溶性粉2000倍液，或20%吡虫啉（大功臣）可湿性粉剂8000～12000倍液喷雾。注意及早及时交替喷施。

25. 葱蓟马为害有何症状？如何识别和防治？

葱蓟马又叫烟蓟马、瓜蓟马、棉蓟马，属缨翅目蓟马科。

(1) 为害特点　全国均有分布，北方受害较重，在南方，冬季仍可为害葱、蒜类，无越冬现象。

成虫和若虫均以锉吸式口器吸食葱叶汁液，可使葱叶上形成许多细密而呈长形的银白色斑，严重时叶子卷曲、变黄枯萎；为害顶芽、花器，可使顶芽干枯，花器提早凋谢；并能传播病毒。

(2) 形态特征 成虫体长1.2～1.4毫米，体色自浅黄色至淡褐色，前翅淡黄色，头部复眼红紫色。雄虫无翅。卵初期肾形，长0.3毫米，乳白色，后期卵圆形，黄白色，近孵化时可见红色眼点。若虫近似成虫，1龄白色透明，2龄橘黄色。

(3) 生活习性 葱蓟马在我国各地发生世代数差异很大。在华北一年发生3～4代，山东6～10代，华南20代左右。成虫和若虫在未收获的大葱、杂草残株间，或在被为害处附近的土里越冬。成虫能飞善跳，又可借风传播。成虫畏光，白天在叶腋、心叶集中为害，阴天早晨、傍晚、夜间在宿主表面分散为害。成虫产卵于幼叶表皮下，一般两性生殖，有时也可行孤雌生殖。若虫有畏光性，白天多栖在叶片背面，早、晚或阴天活动为害。若虫共4龄，2龄后钻入土中蜕皮变为前蛹，再蜕皮为伪蛹，不食不动，最后羽化为成虫。

温暖和干旱的气候，适于葱蓟马发生。在25℃和相对湿度60％以下时利于发生，高温高湿对其发育均不利。较耐寒而不耐湿，多雨不利于发生。

(4) 防治方法

① 农业防治 及时清理田间病叶残体，深埋或烧毁；秋、冬深翻地，消灭越冬害虫，减少虫源。

② 物理防治　色板诱集法，利用蓟马的趋蓝习性，在田间设涂有机油的蓝色板块诱杀，一亩地用15块，一般在6月上中旬悬挂。

③ 化学防治　在发生初期可交替喷施0.5%甲维盐微乳剂1500～2500倍，或70%吡虫啉10000倍液，或2.5%溴氰菊酯（敌杀死）乳油3000～5000倍液，或2.5%氯氟氰菊酯（功夫、功夫菊酯）乳油3000～5000倍液，或50%马拉硫磷（马拉松）1000倍液，或50%杀螟丹1000倍液，或80%乙酰甲胺磷（高灭磷）1000倍液，上述药之一，或交替喷雾。在早晨露水未干时进行，防止成虫逃逸。隔7～10天1次，以防治2次为宜。

26. 葱地种蝇为害有何症状？如何识别和防治？

葱地种蝇，又称葱种蝇、葱蝇、葱蛆、根蛆、地蛆，属双翅目花蝇科，是一种寡食性害虫，只为害百合科蔬菜，尤其是葱和蒜。

(1) 为害特征　在假茎靠近地面处产卵，孵化出幼虫钻入鳞茎基部和茎盘或幼苗，造成腐烂，以致叶片枯黄、萎蔫枯死。

(2) 形态特征　成虫为5毫米左右的小蝇子，在灰黄或褐色的身体上有黑色的斑纹。幼虫蛆形，长7～8毫米，乳白略带淡黄色。

(3) 生活习性　此虫为腐食性昆虫，成虫白天活动，尤其在晴天更活跃，早晚或阴雨天活动减弱。对未腐熟的粪肥、发酵的饼肥及葱味有明显的趋性，幼虫有喜湿性和背光性，适于土中生活。在华北地区每年发生 3～4 代，以蛹在地下越冬，在日平均气温 8℃时田间即可见成虫，4 月中下旬到 5 月上旬为成虫盛发期，产卵部位在葱枯萎叶片的叶鞘基部内、鳞茎上和植株附近的土下 1 厘米深处，卵成堆产下，每堆卵有 10 多粒，卵期 3～5 天，孵化的幼虫很快钻入假茎内为害，5 月上中旬是幼虫发生为害的盛期，是一年中为害最厉害的一代。幼虫期为 17～18 天。成虫喜欢吸食大葱、萝卜、胡萝卜、蒲公英等植物的花蜜，周围有这些蜜源植物的葱蒜田中地蛆发生量就大。

(4) 防治方法

① 农业防治　施用腐熟有机肥，葱蝇发生后勤浇水，必要时可大水漫灌，能抑制幼虫活动和淹死部分幼虫。

② 物理防治　色板诱集法，利用害虫的趋色性进行诱集，在田间或大棚内悬挂黄色捕虫板诱杀葱蝇。一亩地用 20 块，一般 5 月上旬就要在苗床悬挂。用糖醋毒液诱杀成虫，按糖∶醋∶酒∶水为 3∶3∶1∶10 的比例，加入适量敌敌畏，或15～25 克晶体敌百虫混匀即可，装入直径 20～30 厘米的盆中放到田间，每 200 平方米放 1 盆，诱杀并作为虫情预报。

③ 化学防治　大葱定植时用 800 倍 90％敌百虫蘸根；在成虫发生期，用 2.5％溴氰菊酯乳油 3000 倍液，或 80％敌敌畏乳油 800 倍液，或 5％高效氯氰菊酯（歼灭）乳油 1500 倍液，或 10％灭蝇胺悬浮剂

1000倍液防治，喷施土表、根颈和茎部，隔7天喷1次，连续喷2次。田间发现幼虫时，可用3%甲维盐微乳剂2000～3000倍液喷雾，或用50%辛硫磷乳油或80%敌百虫可溶性粉剂1000倍液或80%敌敌畏乳油800倍液灌根。灌根时要使药液至少渗入地下5厘米处，在可能的情况下，施药量越大效果越好。采收前17天停止用药。

27. 甜菜夜蛾为害有何症状？如何识别和防治？

甜菜夜蛾俗称青布袋虫，又叫贪夜蛾、白菜褐夜蛾、玉米叶夜蛾，属鳞翅目夜蛾科，是一种世界性分布、间歇性大发生的以为害蔬菜为主的杂食性害虫。

(1) 为害特征　幼虫先从外部咬食葱叶，长到4龄后就咬破葱叶，钻入葱管状叶内隐藏并取食叶肉为害。

(2) 形态特征

① 成虫　体长10～14毫米，翅展25～34毫米，体灰褐色。前翅中央近前缘外方有肾形斑1个，内有圆形斑1个。后翅银白色。

② 卵　圆馒头形，白色，卵粒排列重叠成块，上面覆盖有灰白色或土黄色绒毛。

③ 幼虫　5～6龄的老熟幼虫体长2厘米左右。体色变化很大，以绿色为主，有绿色、暗绿色至黑褐色。腹部体侧气门下线为明显的黄白色纵带，有的带

粉红色，纵带的末端直达腹部末端，不弯到臀足上去（与甘蓝夜蛾的明显区别）。

④ 蛹　体长10毫米左右，黄褐色。

(3) 生活习性　在河北一年可发生4～6代。它是一种间歇性害虫。成虫昼伏夜出，有强趋光性和弱趋化性，多在夜间20～23时取食、交尾和产卵，活动最为猖獗。大龄幼虫有假死性，稍受惊吓即卷成“C”状滚落到地面。初孵化幼虫先取食卵壳，后陆续从绒毛中爬出，1～2龄常群集在叶上，嚼食葱叶。3龄以后的幼虫分散为害，一般从4龄后开始大量进食。当葱叶被啃食穿孔后，钻入葱管状叶内隐藏并取食叶肉，残留表皮，轻者叶被吃成“烂窗纸状”破叶、缺刻或孔洞，重者叶片全被吃光。

幼虫怕强光，多在早、晚为害，阴天可全天为害。老熟幼虫入土吐丝化蛹。在6～7月较易繁殖，7～8月发生多，到9月底陆续进入地下进行休眠。在春季干旱、夏季高温、秋季雨水较多的年份发生比较重，常和斜纹夜蛾混发。田间杂草比较多的田块为害比较重。

(4) 防治方法　甜菜夜蛾综合治理的策略是：加强监测预报，狠抓早期宿主田防治，掌握卵期用药，多用生物农药，注意轮换用药。

① 农业防治　晚秋初冬耕地灭蛹，清除田间杂草。

② 物理防治　用频振式杀虫灯或黑光灯诱杀成虫。性诱剂杀虫技术：应用甜菜夜蛾性诱剂，一般2

亩地安放一个诱蛾器，于7月上旬悬挂。用甜菜夜蛾病毒防治甜菜夜蛾。

③ 化学防治 甜菜夜蛾幼虫体表光滑锃亮、蜡质层较厚，对一般常用的菊酯类、有机磷类、氨基甲酸酯类农药耐药性极强。防治上一定要掌握及早防治，在初卵幼虫未产生危害前喷药防治。因甜菜夜蛾有昼伏夜出的习性，对甜菜夜蛾最有效的防治方法为触杀，尽量在晴天傍晚用药，阴天可全天用药。

在产卵盛期、卵孵化盛期或在幼虫3龄前用5%氟铃脲（盖虫散、抑保杀）乳油2500～3000倍液，或10%虫螨腈（除尽）悬浮剂每亩用量30毫升兑水喷雾，及时防治。傍晚施药更有利于药效的充分发挥。10%虫螨腈每茬菜最多可喷2次，间隔10天左右，以免产生耐药性，收获前14天内禁止用药。

对3龄以上的幼虫，可用0.5%甲氨基阿维菌素苯甲酸盐（甲维盐）微乳剂1500～2500倍，或20%虫酰肼（米螨）1000～1500倍液喷雾，每隔7～10天喷一次。虫酰肼对甜菜夜蛾是一种经济高效的药剂，但该药作用速度较慢，应比常规药剂提前2～3天施药，喷药后虽然害虫暂时没有死亡，但已不再为害，不必担忧防效而重喷。

对3龄以上的幼虫或虫口密度较大时用10%虫螨腈悬浮剂每亩用量40～50毫升，加水喷雾。还可选用5%氟虫腈（锐劲特）悬浮剂1000～1500倍液，或5%氯氟脲（氟啶脲、抑太保）乳油1000～1500倍液，或50%高效氯氰菊酯乳油1000倍液喷雾。交替用药，以免产生抗性。

要想彻底解决虫害，一方面要清除田间杂草，另一方面要在早期进行预防，如果作物种植面积比较大，要推广统防统治，即统一时间，统一药剂，统一施药。

28. 葱蚜为害有何症状？如何识别和防治？

葱蚜别名葱小瘤蚜，又名台湾韭蚜、腻虫、蜜虫，属同翅目蚜科。在我国分布于四川、贵州、台湾、辽宁、河北、北京等省（市）。

（1）为害特征 以成虫、若虫群聚于葱叶片吸汁，严重时布满叶片和花内，刺吸汁液，致植株矮小或萎蔫。受害株易发霜霉病。

（2）形态特征 无翅孤雌蚜体长2.0～2.2毫米、宽1.2毫米，体卵圆形，黑色或黑褐色；有翅孤雌蚜头部、胸部黑色，腹部色浅，翅脉镶黑边。幼虫体色微淡。

（3）生活习性 一年发生数代，以夏季为多。以孤雌若蚜在贮存的蒜或洋葱上越冬。温度适宜时可终年繁殖为害；在露地以春、秋季种群数量大，为害严重。若虫4龄，幼龄多集中在分蘖处，虫量大时可布满全株。北京7～8月发生无翅蚜，9月出现有翅雌蚜，9月末出现有翅雄蚜。

（4）防治方法

① 采用黄板诱杀，一亩地用20块，一般5月上

旬就要在苗床悬挂，防治蚜虫等虫害；或铺设银灰色反光塑料薄膜驱避蚜虫。

② 用七星瓢虫防治蚜虫。

③ 在温室通风口处设防虫网阻隔蚜虫，或挂银灰色地膜条驱避蚜虫。如棚室发生葱蚜可用杀蚜虫烟剂熏治。

④ 露地葱在发生期喷洒 70%吡虫啉水分散粒剂 10000 倍液或 50%抗蚜威（辟蚜雾）乳油 2000 倍液，隔 10 天防治 1 次，连续防治 1～2 次。收获前 11 天停止使用。

29. 斜纹夜蛾为害有何症状？如何识别和防治？

斜纹夜蛾又名莲纹夜蛾、斜纹夜盗蛾，属鳞翅目夜蛾科，其幼虫菜农俗称为大食虫、五花虫。

(1) 为害特点 斜纹夜蛾是一类杂食性和暴食性害虫，可为害的宿主植物达 100 余科 400 余种，其嗜好的宿主植物多达 90 余种。在大葱叶茎基部产卵孵化，钻入大葱叶茎中排泄粪便，造成大葱叶茎腐败污染。严重时将葱叶全部吃光。

(2) 形态特征 斜纹夜蛾成虫体长 14～20 毫米，深褐色，翅展 35～40 毫米，前翅灰褐色，后翅白色，前翅斑纹复杂，其斑纹最大特点是在两条波浪状纹中间有 3 条斜伸的明显白带，故名斜纹夜蛾。其幼虫一般 6 龄，老熟幼虫体长近 50 毫米。幼虫头部淡褐至黑褐色，幼虫体色变化较大，一般黑褐色及暗绿色，体上有5条彩色线纹，两侧各有1个近半月形黑斑。一般幼虫体色较淡，随着龄期增长而加深，老熟幼虫入土化蛹。

(3) 生活习性 成虫有假死性，对阳光敏感，夜出活动，飞翔力较强，多在开花植物上取食花蜜，然后产卵。成虫对糖、酒、醋液及发酵的胡萝卜、豆饼等有很强的趋性，对一般光趋性不强，但对黑光灯趋性强。卵多产于叶背的叶脉分叉处，以茂密、浓绿的作物产卵较多，堆产，卵块常覆有鳞毛而易被发现。幼虫多群集于卵块附近取食叶片。3龄以后分散为害，4龄后进入暴食期，老龄幼虫有昼伏性和假死性，白天多潜伏在土缝处，傍晚爬出取食，遇惊就会落地蜷缩作假死状。当食料不足或不当时，幼虫可成群迁移至附近田块为害，故又有“行军虫”的俗称。

斜纹夜蛾一年发生多代，世代重叠，无滞育现象。在华北1年发生3～4代，长江流域5～6代，华南可终年发生，无越冬现象。适宜的发育温度为28～30℃，盛发期为7～10月。

老熟幼虫在1～3厘米表土内化蛹，土壤板结时可在枯叶下化蛹。

(4) 防治方法 由于斜纹夜蛾对多种杀虫剂均已产生了抗性，其中包括有机氯、有机磷、氨基甲酸酯、拟除虫菊酯以及苏云金杆菌（Bt）等，因此在防治时要采取预防为主、综合防治的方法。

① 农业防治 清除田间杂草，减少虫源，并结合田间管理，摘除卵块。

② 物理防治　保护地栽培时，覆盖塑料薄膜、遮阳网、防虫网等直接阻止斜纹夜蛾的为害。利用成虫的趋光性和趋化性，可用蓝光灯、频振式杀虫灯、糖醋液、杨树枝及甘薯、豆饼发酵液等诱杀。糖醋诱集法：配制糖醋液的比例，糖∶醋∶酒∶水为3∶3∶1∶10，为了提高防治效果，也可在糖醋液中加入适量的敌敌畏或晶体敌百虫，装入直径20～30厘米的盆中放到田间，每200平方米放1盆。性诱剂诱集法：在害虫多发季节，每亩排放水盆3～4个，盆内放水和少量洗衣粉或杀虫剂，水面上方1～2厘米处悬挂斜纹夜蛾性诱剂诱芯，可诱杀大量前来寻偶交配的斜纹夜蛾。

③ 生物防治　利用蜘蛛、赤眼蜂等自然天敌控制斜纹夜蛾；用斜纹夜蛾核形多角体病毒防治斜纹夜蛾。

④ 化学防治　针对害虫昼伏夜出的习性，采用傍晚喷药进行防治。药剂防治应在幼虫3龄以前施用。

在幼虫初孵期用复合病毒杀虫剂虫瘟1号1500倍液喷雾。3龄前幼虫群集为害，可以选用0.5%甲氨基阿维菌素苯甲酸盐微乳剂1500～2500倍液，或25%杀虫双500倍液喷雾。上述药剂在害虫发生期，每7～10天喷1次，连喷1～2次，可交替使用。

4龄幼虫以后应在傍晚前后喷施5%氯氟脲乳油3000倍液，或5%氟虫腈1500～2000倍液，或5%氟虫脲乳油2000倍液，或15%茚虫威（安打）悬浮剂4000倍液。每隔7～10天喷1次，连用2～3次。

30. 地老虎为害有何症状？如何识别和防治？

地老虎又名土蚕、切根虫、夜盗虫，为鳞翅目夜蛾科，多食性作物害虫。其种类很多，农业生产上造成危害的有10余种，其中小地老虎、黄地老虎、大地老虎、白边地老虎和警纹地老虎等尤为重要，均以幼虫为害，为杂食性害虫。

(1) 为害特点 幼虫咬食近地面的嫩叶，或将幼苗近地面的茎部咬断，使整株死亡，严重时造成缺苗断垄。

(2) 形态特征 3龄以下幼虫，栖于地上部分为害，但为害不明显；3龄以上幼虫肥大、光滑，体长40～50毫米，带有条纹或斑纹。

(3) 生活习性 地老虎1年发生2～7代，其幼虫白天躲在表土2～7厘米以上的土层中，夜间活动取食。地老虎为杂食性害虫，食性很广，以春、秋两季幼虫为害为主。成虫有远距离迁飞习性，昼伏夜出，趋光性和趋化性因虫种而不同。小地老虎、黄地老虎、白边地老虎对黑光灯均有趋性；对糖醋液的趋性以小地老虎最强；黄地老虎则喜在大葱花蕊上取食来补充营养。地老虎喜欢在近地面的叶背面产卵，或在杂草及蔬菜作物上产卵。一般在温暖潮湿、周缘杂草多的地块发生严重。

(4) 防治方法

① 物理防治 用黑光灯诱杀，或用糖醋液诱杀成虫，即糖6份、醋3份、白酒1份、水10份、90%敌

百虫1份调匀，放置于田间进行诱杀成虫；当发现有葱苗被咬断或萎蔫时可在清晨扒土捕捉幼虫。

② 化学防治 根据虫情预报于3龄前喷雾，21%氰·马（灭杀毙）乳油800倍液，或50%敌敌畏1500倍液防治；3龄后转为地下为害，可用50%辛硫磷乳油0.5千克加适量水拌50千克细土顺行撒施，也可用90%敌百虫0.5千克，加水2.5～5千克，拌50千克鲜草或炒香的麦麸或饼糁，每亩用5～10千克，成堆诱杀。虫龄较大时，可用80%敌百虫可湿性粉剂800倍液或80%敌敌畏乳油1000倍液灌根。

31. 蝼蛄为害有何症状？如何识别和防治？

蝼蛄俗名拉拉蛄、土沟子，有一对形似铲状的开掘足，食性杂，可为害多种作物。

(1) 为害特点 蝼蛄是为害葱的地下害虫，分布于全国，为害较重的是华北蝼蛄（北纬32°以北地区）和东方蝼蛄（以南方为主）。蝼蛄咬食种子、萌发的幼芽，或咬断根茎，被害部表现为乱麻状。其在地表层活动，形成隧道，使幼苗根部与土壤分离，造成植株凋萎死亡。

(2) 形态特征 华北蝼蛄成虫体长40～45毫米，体粗大，黑褐色。卵椭圆形，初产时乳白色，以后变为暗褐色。东方蝼蛄成虫体长30～35毫米，体淡黄褐色，较细小。

(3) 生活习性 华北蝼蛄3年完成1代，东方蝼蛄在南方1年发生1代，均以成虫或若虫在60厘米以下的土层中越冬，翌年春季开始活动，春夏之交为害最盛，秋季次之。气温15～27℃活动旺盛，低于12℃停止活动。温室条件下，1月中旬开始出土。蝼蛄昼伏夜出，多在夜间9～11时活动。蝼蛄成虫能飞，也有趋光性，并对麦麸等有趋性，多在低湿地活动为害。蝼蛄喜欢较黏偏碱性土壤。

(4) 防治方法　生长季4～9月可用黑光灯诱杀，也可人工捕杀。或用90%敌百虫30倍液150毫升加麦麸5千克拌匀，制成毒饵。先将麦麸炒熟，后拌药，撒施在沟内或地膜下，杀伤效果较好。每亩用毒麦麸2千克，如虫口密度大，可增加至5千克。或在生长期间用50%辛硫磷或90%晶体敌百虫800～1000倍液灌垄、灌根。

32. 蛴螬为害有何症状？如何识别和防治？

蛴螬又叫白地蚕、蛭虫，是各种金龟子幼虫的总称。

(1) 为害特点　蛴螬是为害葱的地下害虫，主要咬断幼苗的根茎，断口比较整齐，造成幼苗枯萎死亡。蛴螬的成虫咬食叶片，也为害嫩芽。

(2) 形态特征　不同种类的金龟子的幼虫主要形态相似，头部为红褐色，身体为乳白色，体态弯曲呈“C”状，有3对胸足，后一对最长，头尾较粗，中间较细。

(3) 生活习性 蛴螬喜欢聚集在有机质多而不干不湿的土壤中活动为害，分布广，为害重，食性杂。一般每年发生1代，或2～3年1代，其活动最适地温为13～18℃，以春、秋季为害重。成虫喜欢在厩肥上产卵，故施厩肥多的地块发生严重。成虫多在晚间8～9时活动，有假死现象，对黑光灯有强烈趋性，发生盛期多在夏季。

(4) 防治方法

① 大葱种植前，用辛硫磷等农药处理土壤和有机肥。

② 人工捕杀。发现幼虫咬食根茎后的萎蔫植株，可在其侧挖出幼虫并将其消灭。成虫可用黑光灯或在葱田边点火堆诱杀。

③ 化学防治。可用50%辛硫磷1200倍液或90%晶体敌百虫1000倍液灌垄、灌根。

33. 大葱田间杂草主要有哪些种类?

大葱田常见的杂草种类很多，有单子叶禾本科的狗尾草、稗草、牛筋草、马唐、画眉草，有双子叶马齿苋科的马齿苋、苋科的野苋菜、大戟科的铁苋菜、桑科的拉拉秧等；有一年生、二年生杂草，还有多年生杂草。由于单子叶杂草和双子叶杂草混生，因此化学除草应因地制宜，在大葱不同的生长时期选用不同的除草剂。还要注意施药时间和浓度，以免对大葱产生药害，造成损失。

 大葱播种后出苗前化学除草主要有哪些方法？

葱播种后出苗前，可以选用扑草净、二甲戊灵等除草剂以喷雾法将药液喷洒于土壤表面，进行土壤封闭处理。

① 每亩用33%二甲戊灵（二甲戊乐灵、施田补、除芽通、除草通、丰光）乳油 100～150 毫升兑水40～50 千克，播种覆土后，均匀喷雾于土壤表面。二甲戊灵为选择性芽前土壤处理剂，湿度大时有利于提高除草效果。连续干旱天气时不用（高温、干旱天气时容易产生药害）。

注意：二甲戊灵对小葱有轻微药害，小葱（细香葱）苗床慎用二甲戊灵。在伏葱和秋播小葱田使用时药量不要超过 100 毫升。伏葱播种时应加大播种量，防止因部分药害造成缺苗。

施用二甲戊灵后，请勿用水泼浇，否则可能引发药害。使用二甲戊灵乳油在低洼的地方或多雨的时候易产生药害。二甲戊灵对鱼有毒，应防止药剂污染水源。

② 每亩用 25%扑草净可湿性粉剂 180 克，加水50 千克搅拌均匀喷施，或 50%扑草净可湿性粉剂65～75 克兑水 40～60 千克喷雾。沙土、沙壤土不宜应用扑草净。

③ 每亩用 48%甲草胺（拉索）乳油 100～120 毫升。甲草胺是一种选择性芽前除草剂，主要杀死出苗

前土壤中萌发的杂草，对已出土杂草无效。

④ 每亩用30%毒草胺乳油500毫升兑水50千克喷施。毒草胺为酰胺类选择性芽前除草剂，防除一年生禾本科杂草和某些阔叶杂草，如稗草、鸭舌草、异型莎草、马唐、狗尾草、马齿苋、牛毛草等。要注意使用毒草胺乳油在低洼的地方或多雨的时候易产生药害。

⑤ 若是整地较早，杂草比葱先出土，对于1年生杂草每亩可用10%草甘膦水剂300～400毫升，兑水50千克喷施，加入适量中性洗衣粉以帮助药液在杂草上黏着，利于吸收。在此不主张草甘膦和液态肥料混用，大雨或灌水前亦不用，以防产生药害。草甘膦为灭生性除草剂，施药时切忌污染作物，以免造成药害。

若在苗前用药，越早越好，忌在萌芽期用药。

35. 宿根小葱田化学除草主要有哪些方法？

宿根小葱晚秋播种，经过越冬到翌年早春复发。田间早春往往有藜、小藜、越冬荠等阔叶杂草发生。通常可于小葱返青前或返青初、杂草出土前使用除草剂。

① 在根茬葱返青前每亩用33%二甲戊灵乳油80～100毫升，兑水40～50千克，均匀喷雾于土壤表面。

② 小葱长出以后，杂草萌芽初期，或春天幼葱返

青后，每亩用25%灭草灵可湿性粉剂600克，兑水喷洒土壤。注意：灭草灵为氨基甲酸酯类选择性传导型除草剂，气温在20℃以下时不宜使用，以免降低药效和产生药害。防止污染鱼塘等养鱼场所。

36. 大葱移栽前化学除草主要有哪些方法？

① 在大葱移栽前1～2天，每亩用33%二甲戊灵乳油100～150毫升兑水40～50千克，均匀喷雾于土壤表面。

② 大葱在整地之后移栽之前，每亩可用24%乙氧氟草醚（果尔）66～72毫升，兑水50～60千克喷雾。乙氧氟草醚是一种均三嗪类选择性、触杀型低毒除草剂，喷药时一定要均匀周到，施药剂量要准确。切忌在气温低于20℃、土温低于15℃情况下施用。初次使用应先做小面积试验，再大面积应用。

37. 大葱移栽缓苗后化学除草主要有哪些方法？

① 大葱四叶以上，对杂草茎叶处理，每亩用24%乙氧氟草醚乳油66～68毫升，加水40千克喷雾，用药时要求土表湿润，避开强光期。用药后葱叶上可能出现褐斑，一般在5天后消失，不影响以后的生长。

注意：大葱在2叶期内禁用乙氧氟草醚，3叶前慎用乙氧氟草醚，收获前45天禁用乙氧氟草醚。在气温低时，晴天中午前后施药，气温高时早晨或下午施药。如果葱 2 叶期前使用乙氧氟草醚，葱叶绝大部分会失绿枯萎。

② 大葱田移栽后防治一年生禾本科杂草每亩地用 5%精喹禾灵（精禾草克）乳油 50～70 毫升，兑水 30～40 千克均匀对杂草茎叶喷雾处理；或在杂草 3～5 叶期用药，每亩用 10.8%精喹禾灵乳油 30～40 毫升，兑水 30～45 千克，均匀喷雾于杂草茎叶上。

注意：精喹禾灵严禁苗床使用，一定要采用二次稀释法，喷雾时严禁加入植物油及其他苗后除草剂，不可与杀菌剂混用。用药后葱管上会出现细小的白斑，短期内即可恢复，不影响作物后期生长及最终产量。

③ 防除一年生禾本科杂草，于杂草 3～5 叶期施药，每亩用 10.8%高效氟吡甲禾灵（盖草能）乳油 20～30 毫升，兑水 20～25 千克，均匀喷雾于杂草茎叶。天气干旱或杂草较大时，须适当加大用药量至 30～40 毫升，同时兑水量也相应加大至 25～30 千克。

注意：禾本科作物对本品敏感，施药时应避免药液飘移到玉米、小麦、水稻等禾本科作物上，以防产生药害。

38. 大葱施用除草剂防治杂草应注意哪些事项？

除草剂种类繁多，在施用过程中如果品种选择不当，施用时间、浓度不合适或重复喷药等原因都会产生药害，或使用不当有时对人畜也会造成毒害。

如小葱对氟乐灵较敏感，直播或育苗时，不能在播后苗前应用，否则易产生药害。再如葱对氯磺隆、甲磺隆、石硫合剂、溴苯腈敏感，不宜使用。

葱与其他作物间、套、轮作时，施用的除草剂必须对间作物和后茬作物无害。若葱田相邻地块使用2,4-D乳油，药液飘移到葱田，也会抑制大葱小苗的正常生长。在小麦-大葱连作的地块，若前茬麦田使用过量的2,4-D乳油或使用除草剂过晚，会抑制后茬葱田大葱小苗的正常生长。

注意：出口大葱育苗期间严禁使用除草剂，保护地内育苗尤其应引起重视，否则极易失败，造成损失。

39. 植物病虫害防治应遵循哪些原则？

① 无公害蔬菜生产过程中应对病虫草害等进行防治，必须树立“公共植保”和“绿色植保”理念，贯彻“预防为主，综合防治”的植保方针，优先采用各种有效的农业、物理、生物、生态等非化学防治手段，减少农药的使用次数和用量。

② 优先使用生物源农药，限制使用矿物源农药，控制使用高效、低毒的化学农药。

③ 严格执行国家有关规定，禁止使用高毒、高残留农药品种。

④ 使用化学农药时，严格执行 GB 8321《农药合理使用准则》的所有部分。

⑤ 正确诊断病虫害种类，选准对口农药，严格掌握农药的使用范围和使用量。

⑥ 加强病虫预测预报，掌握防治指标，适时用药。

⑦ 合理混用、轮换交替使用不同作用机制或具有负交互抗性的药剂，克服和推迟病虫害耐药性的产生和发展。

⑧ 用药结束后，及时清洗喷雾器，清洗药械的污水应选择安全地点妥善处理，不准随地泼洒，装过农药的空瓶、袋等要集中处理，剩余药剂要妥善保管。

40. 生产无公害蔬菜禁止使用的化学农药有哪些？

无公害蔬菜生产中禁用的农药品种有：甲胺磷，对硫磷（1605），甲基对硫磷（甲基 1605），久效磷，磷胺，氧化乐果，水胺硫磷，三氯杀螨醇，六六六，滴滴涕，毒杀芬，二溴氯丙烷，杀虫脒，二溴乙烷，除草醚，艾氏剂，狄氏剂，汞制剂，砷、铅类，敌枯双，氟乙酰胺，甘氟，毒鼠强，氟乙酸钠，毒鼠硅，甲拌磷，甲基异柳磷，特丁硫磷，甲基硫环磷，治螟磷，内吸磷，克百威，涕灭威，灭线磷，硫环磷，蝇毒磷，地虫硫磷，氯唑磷，苯线磷等高毒、高残留农药及混配制剂。

41. 生产A级绿色食品蔬菜禁止使用的农药有哪些?

① 严禁使用剧毒、高毒、高残留或具有“三致”毒性（致癌、致畸、致突变）的农药。

② 严禁使用高毒高残留农药防治贮藏期病虫害。

③ 严禁使用基因工程品种（产品）及制剂。

生产A级绿色食品禁止使用的农药见表6-1。

表6-1 生产A级绿色食品禁止使用的农药

种类	农药名称	禁用作物	禁用原因
有机氯杀虫剂	滴滴涕、六六六、林丹、甲氧DDT、硫丹	所有作物	高残毒
有机氯杀螨剂	三氯杀螨醇	蔬菜、果树、茶叶	工业品中含有一定数量的滴滴涕
有机磷杀虫剂	甲拌磷、乙拌磷、久效磷、对硫磷、甲基对硫磷、甲胺磷、甲基异柳磷、治螟磷、氧化乐果、磷胺、地虫硫磷、灭克磷(益收宝)、水胺硫磷、氯唑磷、硫线磷、杀扑磷、特丁硫磷、克线丹、苯线磷、甲基硫环磷	所有作物	剧毒、高毒
氨基甲酸酯类杀虫剂	涕灭威、克百威、灭多威、丁硫克百威、丙硫克百威	所有作物	高毒、剧毒或代谢物高毒
二甲基甲脒类杀虫杀螨剂	杀虫脒	所有作物	慢性毒性致癌
拟除虫菊酯类杀虫剂	所有拟除虫菊酯类杀虫剂	水稻及其他水生作物	对水生生物毒性大
卤代烷类熏蒸杀虫剂	二溴乙烷、环氧乙烷、二溴氯丙烷、溴甲烷	所有作物	致癌、致畸、高毒
阿维菌素		蔬菜、果树	高毒

续表

种类	农药名称	禁用作物	禁用原因
克螨特		蔬菜、果树	慢性毒性
有机砷杀菌剂	甲基砷酸锌(稻脚青)、甲基砷酸钙(稻宁)、甲基砷酸铵(田安)、福美甲砷、福美砷	所有作物	高残毒
有机锡杀菌剂	三苯基醋酸锡(薯瘟锡)、三苯基氯化锡、三苯基羟基锡(毒菌锡)	所有作物	高残留、慢性毒性
有机汞杀菌剂	氯化乙基汞(西力生)、醋酸苯汞(赛力散)	所有作物	剧毒、高残毒
有机磷杀菌剂	稻瘟净、异稻瘟净	水稻	异臭
取代苯类杀菌剂	五氯硝基苯、稻瘟醇(五氯苯甲醇)	所有作物	致癌、高残留
2,4-D类化合物	除草剂或植物生长调节剂	所有作物	杂质致癌
二苯醚类除草剂	除草醚、草枯醚	所有作物	慢性毒性
植物生长调节剂	有机合成的植物生长调节剂	所有作物	
除草剂	各类除草剂	蔬菜生长期(可用于土壤处理与芽前处理)	

以上所列是目前禁用或限用的农药品种，该名单将随国家新出台的规定而修订。

42. 生产AA级绿色食品蔬菜禁止使用的化学农药有哪些？

① 禁止使用有机合成的化学农药，包括化学杀虫剂、杀螨剂、杀菌剂、杀线虫剂、除草剂和植物生长

调节剂。

② 禁止使用含有有机合成的化学农药成分的生物源、矿物源农药的复配剂。

③ 禁止使用基因工程品种（产品）及制剂。

43. 生产有机蔬菜禁用的农药有哪些？

① 严禁使用人工合成的杀虫剂、杀螨剂、杀线虫剂、除草剂和其他农药。

② 不允许使用人工合成的植物生长调节剂和染色剂。

③ 禁止使用混配有有机合成农药的动植物源农药、矿物源农药、微生物源农药及其他来源农药的各种制剂。

④ 不允许使用基因工程生物或其产物。

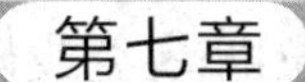

第七章

葱贮藏保鲜与加工技术

1. 大葱收获时应注意哪些事项？

大葱的收获时间根据栽培地区、栽培季节和栽培方式有所不同。以青葱或小葱为收获目的的可根据市场行情和葱的长势灵活确定。以冬贮藏大葱栽培为目的的收获期最早10月上旬，最迟11月下旬。早收，心叶还在生长，葱白不充实，易空心，不耐贮；晚收，假茎易失水而松软，影响葱白产量和品质，并且容易遭受冻害而引起腐烂。

冬贮大葱的收获期，因地区气候差异而有早晚。一般当外叶生长基本停止，叶色变黄绿，在土壤封冻前15～20天为大葱收获适期，一般在霜降到立冬收获。大葱的收获还应避开早晨霜冻后采收。霜冻后叶片挺直脆硬，容易碰断伤茎，感染病害而腐烂。应选择晴好天气，在中午、下午进行为宜。

大葱收获时应深刨轻拉，切忌猛拔猛拉，避免损伤假茎、拉断茎盘或断根而降低商品葱白质量。收获后的大葱抖净泥土，摊放在地里，2～3行大葱铺放成一排，原地晾晒半天，抖掉根际和假茎表层的附土。根据市场要求捆成5～10千克的葱捆。捆前要进行分级，剔除病残棵和重量达不到标准的小棵，根部摆齐，做到美观整洁。

2. 大葱收获后如何进行贮藏与保鲜？

影响大葱贮藏的主要环境条件是温度和湿度。温度偏高，不仅加快了大葱贮藏期间的呼吸消耗，而且叶子易黄化和腐烂，还会导致大葱结束休眠提早抽薹；冬贮干葱抗寒力比较强，可忍受－30℃以下的低温，细胞仍具有生活力。但贮藏温度过低，大葱受冻，虽可食用，消耗却较大。大葱低温贮藏的适宜温度为0～1℃，大葱贮藏在0～1℃的环境里，既不受低温冻害，又能减少呼吸消耗，防止心叶萌发和热伤。大葱微冻贮藏的适宜温度为－5～－3℃。青葱在0℃下能贮藏3～4周。大葱贮藏对湿度的要求，冬贮干葱较低，适宜相对湿度65%～70%；青葱要求较高，相对湿度以95%～100%为宜。适宜氧含量为1%，二氧化碳为5%，有利于换气和散热，对大葱贮藏有利。良好的通风条件是大葱贮藏的特殊要求，可有效地防止贮藏病害的发生。

大葱是冬季最耐贮藏的蔬菜，除了用恒温库贮藏外，一般都利用自然条件贮藏。只要创造一个冷凉、干燥、通风的环境，就能安全越冬，随时供应市场需要。

冬贮大葱收获后，首先晾晒1～3天，使叶片和须根逐渐失水和干燥，假茎外皮干燥形成质膜保护层，以利贮藏。

3. 大葱主要有哪些简易贮藏方法？

（1）假植贮藏法 在院内或地里挖一个浅平的地坑，将收获的大葱除去伤株、病株，捆成小捆，假植在坑内，用土埋住葱根和葱白部分，勿埋住葱叶，埋好后用水浇灌。

（2）沟藏法 大葱收获后，就地晾晒数小时，选取无伤病、株型整齐者，去掉泥土，捆成10～15千克重的捆，于通风处阴干葱外表水分。在阴凉通风处，挖深20～30厘米、宽50～70厘米的沟，长度以贮量而定，沟距50～70厘米。将沟内灌足底水后，把葱逐捆排入沟内，使后一捆叶子盖住前一捆上部，用土掩埋葱白部分。四周用玉米秸围一圈，以利通风散热，严寒到来之前，用草帘或玉米秸秆稍加覆盖。

（3）地面埋藏法 将经过晾晒、挑选、捆把的大葱，放在背阴的墙角或阴凉的室内，地上铺3～4厘米厚的沙子或湿土，把晾干的大葱根向下码在沙子上，宽1～1.5米。葱的四周用湿土培埋至葱叶处即可。或在室外埋藏，严寒来临前可加盖草苫，以防受冻。

(4) 架藏法 将经过晾晒、选好的大葱捆成5千克左右的葱捆，依次堆放在贮藏架上，中间留出一定空隙通风透气。露天架藏须有覆盖物防雨雪。贮藏期间定期开捆检查，剔除发热变质者。

(5) 窖藏 将采收后的大葱先晾晒数日，待葱白表面呈半干状态，然后扎成7～10千克的葱捆，并直立排列在地势高燥、能避雨的地方晾晒，每隔半月检查一次，以防腐烂。冬天气温下降至0℃时，移入地窖贮藏。贮藏过程要加强管理，其间注意防热防潮。本法适用于产地和大葱种株的贮藏。

(6) 冻藏 大葱在0℃以下贮藏。大葱怕动不怕冻，在严寒冬季，温度急剧下降，贮藏的大葱冻成冰棍，这时不能任意翻动。受冻的大葱，只要轻拿轻放，放在空屋或地窖里，缓慢解冻，可以恢复原状。如果继续贮藏不动，也会随着气温的回升，再现生机。

我国北方省份一般多进行冻藏，并保持干燥的条件，食用前在室温下解冻，仍能恢复原有的新鲜状态。

常用的方法是：收刨整理好的葱捆，应尽快使其处于－5～0℃的低温状态，以减慢呼吸消耗和水分损失。在建筑物背阴场地排放葱捆（根朝下竖立），以便于通风管理。结冻前，葱捆敞露；结冻后，四周培土掩埋假茎，上部盖草苫防温度变化，使葱捆稳定在轻度冻结状态。整个贮藏期间不要反复解冻，以免降低质量。最好带冻运输和上市，食用前缓慢解冻，不仅损耗少而且品质显著好于室内干燥贮藏。

(7) 冷藏　将经挑选的大葱，扎成小捆，码入筐（箱）内，放进冷风库堆藏。保持库温0～1℃，空气相对湿度为80%～85%。贮藏过程中，定期打开葱捆查看，发现有发热变质者，应及时剔除，避免腐烂蔓延。

(8) 短期保鲜法　在阴凉地方挖1个20厘米深的平底坑，坑底放2～3厘米厚的沙子，坑的四周用砖围住，坑的大小因贮量而定。先向池内倒6～7厘米深的水，待水渗下即将葱放入池内，每隔3～4天从池的四角灌些水，这样可保鲜1个月左右。

(9) 空心垛藏法　在地势高且平坦、排水方便的地方架仓棚，或在露地上用土垫高，垛基高30～40厘米，把经过贮藏前处理捆好的大葱根向外、叶向内排成空心圆垛。为保持稳定不倒塌，每垛70～80厘米高时，可横竖相间放几根小竹竿，一直垛到2～3米高，垛顶覆盖苇席或草苫，以防雨淋。

(10) 露地越冬贮藏　种植的大葱到了收获季节不收获，随气温下降，顺葱沟两边培土保持葱白不受冻、不失水，此后即可根据需要随时挖出上市，任何时候售出的都是鲜葱。此法适于菜农采用。

4. 大葱恒温库贮藏保鲜主要有哪些关键技术？

大葱恒温库贮藏保鲜是通过调节大葱的贮藏温湿

度和抑制大葱的呼吸活动，达到长期贮存大葱的目的。

(1) 预贮 大葱采收后，于田间或阴凉通风处进行晾晒，当葱茎外表层组织干爽时，进入冷库贮藏。在此之前，可以在阴凉干燥处进行预贮，一定要避免雨淋。当外界温度降至0℃时，入冷库预冷贮藏。

(2) 预冷 挑选无机械伤、完好的大葱，放在冷库架上，摊开预冷，厚度不可超过30厘米。库温−1～0℃，当库入满时，进行CT-果蔬烟雾剂熏蒸处理，用量为6克/米^3，时间为4小时以上。

(3) 贮藏 当大葱温度降到0℃时，采用0.03毫米PVC（打8个孔，直径为1厘米）的防结露保鲜膜包裹，使根部和叶子露出，温度控制在−1～0℃，相对湿度80%～85%左右。为了防止贮藏过程中腐烂，每月用烟熏剂熏蒸处理1次。用此法可将大葱贮藏至翌年4～5月。

运输时要做到轻装、轻卸、严防机械损伤，运输工具要清洁、无污染。运输中要注意防冻、防晒、防雨淋和通风换气。

临时贮存应在阴凉、通风、清洁、卫生的条件下，按品种、规格分别贮藏，防日晒、雨淋、冻害、病虫害危害、机械损伤及有毒物质的污染。

5. 大葱粗加工主要有哪些关键技术？

选择颜色均匀，粗细一致，葱白较长（20厘米以上）的大葱，放在粗加工操作台上切叶、切须、冲皮，把明显劣葱（弯曲、烂叶、机械伤、病虫斑）分拣出来，经过筛选进行分级，用真空包装机真空保鲜密闭包装。

6. 脱水葱和葱粉（盐）加工主要有哪些关键技术？

（1）脱水葱加工

① 原料挑选、处理　挑选新鲜大葱或细香葱，去葱外皮、黄叶，切葱根，清洗泥土等。

② 切段　将葱切成1～2厘米的段，为了处理均匀，可将葱白、葱叶分开，分装烘盘。

③ 漂洗　漂洗用水水质必须符合生活饮用水标准。漂洗时将葱段放入竹筐或有孔塑料筐中，置于流动清水池中上下翻动漂洗。为了保持产品外观色泽，可将葱段浸入0.2%柠檬酸中浸泡2分钟进行护色处理。

④ 沥水　原料漂洗后，水分含量较多，必须进行离心甩干处理，将葱段表面的水分甩干。甩干机转速控制在1300转/分，甩干时间控制在30秒左右。

⑤ 烘干　将甩干的葱段摊放在烘筛中，装在烘车层架上，送入干燥机烘干。干燥机在未进料前先行预热升温达60℃左右。烘干温度控制在58～60℃，烘干时间6～7小时。产品含水量降到5%以下。

⑥ 精选　将干品倒在不锈钢台板或无毒白色塑料板上，仔细挑选，拣去不合格的产品，按成品质量标

准要求分级。

⑦ 检验包装　产品检验合格后，按要求进行包装。

(2) 葱粉（盐）加工

将脱水大葱粉碎后，按一定的筛孔大小要求过筛。将葱粉添加不同味道的调料，制成食用方便、味道鲜美的调味品。根据不同要求进行包装。

7. 速冻葱丝加工主要有哪些关键技术?

速冻葱丝又称葱花，是先将经过清理、清洗等处理后的大葱切成葱段，再经过烫煮、冷却、快速冻结、包装等工序加工而成。速冻葱丝装在专用纸箱内，在−18℃的恒温冷库内贮藏。大葱速冻葱丝的加工操作要点如下：

① 原料处理　挑选葱白长、叶绿、无白斑、无干尖、无烂破叶、割去葱盘的大葱，淘汰不符合加工要求的大葱。

② 清洗切割　先用凉水将大葱夹带的泥沙、杂异物洗净，然后再按要求切割，切割后再清洗淘沙，把所有沙清洗淘净。

③ 脱水速冻　速冻前把水脱净，防止速冻结块。速冻温度在−35℃左右，冷冻30～40分钟，使成品中心温度达到−15℃以下。

④ 包装　包装间温度控制在0～5℃。塑料袋包装，袋口密封要严密平整，不开口、不破裂；包装箱要标明品名、生产厂代号、生产日期、批准号，做到

外包装美观牢固，标记清晰、整洁。

⑤ 检验 检验的卫生指标为细菌总数≤10000个/克，大肠杆菌≤3个/克，沙门菌阴性，金黄色葡萄球菌阴性。

8. 冻干葱粉加工主要有哪些关键技术？

冻干葱粉的加工工艺流程主要包括：前处理（清洗、切分、漂烫、速冻、升华干燥）和后处理（拣选、包装入库）。物料先经风冷库速冻至－40～－20℃，再进入干燥舱。十几分钟内，真空系统将大气从干燥舱抽到工作压舱。然后由远红外辐射加热物料进行干燥。加热温度从40～120℃连续可调，但物料温度始终保持0℃以下，冷凝器工作温度为－40～－20℃，以有效捕获从物料升华的水汽。干燥后的大葱采用密闭封装，也可用充氮或真空包装。

冻干产品，不仅保持了大葱的色、香、形，而且最大限度地保存了大葱中的维生素和蛋白质等营养物质。冻干葱粉不需要冷藏保存，只要密封包装后就可在常温下长期贮存、运输和销售，三五年不变质。冻干葱粉只有5%的含水量，重量轻，可大大降低运输和经营费用。

9. 大葱油的加工主要有哪些关键技术？

大葱油加工多采取蒸馏提取法，也可采取萃取法。大葱油加工的操作要点如下：

① 原料处理　选用香味浓郁、油脂含量较高的大葱为原料，去大葱外皮、黄叶，切去葱根，清洗净泥土等。

② 切断烘干　将葱切成1～3厘米的葱段，将葱段摊放在烘筛中，装在烘车层架上，送入干燥机烘干。

③ 粉碎　用粉碎机将烘干的葱段粉碎。

④ 蒸馏冷却　用不锈钢蒸馏设备蒸馏提取，加热蒸馏时应采取密封措施以防香味逸散。蒸馏设备与冷却器通过蒸馏管连接，蒸汽和汽化的葱油在冷却器中冷却成油水混合物。

⑤ 分离　用油水分离器在冷却器出口处收集油水混合物，静置后，油水自动分离，上层为油，下层为水。使用分离器放去下层的水，即得到葱油产品。

⑥ 包装成品　成品装入容器，密封包装后上市出售。

10. 出口大葱如何收获？

大葱收获时，可用铁锹将葱垄一侧挖空，露出葱白，用手轻轻拔起，避免损伤假茎、拉断茎盘或断根。收获后应抖净泥土，按收购标准分级，保留中间4～5片完好叶片。每20千克左右一捆，用塑料编织袋将大葱整株包裹好，用绳分3道扎实，不能紧扎，防止压扁葱叶。运输时，将包裹好的葱捆竖直排放在车厢内，可分层排放，不能平放、堆放。运至加工厂后立即加工。先用利刀快速切去根毛，保留部分根盘。

11. 出口大葱如何进行采后处理？

国际市场对出口保鲜大葱产品质量要求较高，外观要求植株无分蘖，植株整齐一致。假茎无损伤、无泥土、洁白，葱白横径1.8～2.5厘米，长度35～45厘米，保留3片内叶，叶长15～25厘米。肉质致密鲜嫩、质地良好、无病虫害、无机械伤、无病斑、无霉烂、不弯曲。用符合国际卫生标准的材料捆扎、包装等。具体处理技术如下：

① 去叶　将大葱放在操作台上，用高压剥皮枪从大葱分叉处将皮剥开，保留三叶。

② 分拣　剔除葱白不紧实、表皮发皱弯曲，或受病虫为害、有机械损伤等明显不合格的大葱。

③ 切根、切叶　用刀将根须和上部多余葱叶切掉，切口要平整。加工后的大葱长度为57厘米，其中葱白30厘米以上，葱叶不得短于10厘米。

④ 除渍　用干净抹布抹去大葱上的泥渍、杂质和水滴。

⑤ 规格划分　用电子秤称单株重，用厘米刻度尺量葱茎粗度，进行规格划分，分为L、M、S三种规格。

⑥ 扎束　用符合国际卫生标准的材料捆扎，扎把

带统一在葱白分叶部向下 3 厘米，皮筋统一固定在葱根向上 4 厘米处。

⑦ 装箱　把大葱放入符合要求规格的纸箱中，用电子秤称重，每箱葱净含量为 3 千克（或 5 千克），纸箱外标明品名、产地、生产者名称、规格、株数、毛重、净重、采收日期等。

12. 出口保鲜大葱如何运输？

加工产品长途运输，可装集装箱冷藏外运。装集装箱前，在 0～1℃的冷库中预冷 12 小时，装运集装箱时，温度设定为 1～3℃。

出口保鲜大葱应在通风、清洁、卫生的条件下贮藏，严防暴晒、雨淋、冻害和有害有毒物质的污染。注意轻拿轻放，以免碰伤产品。大葱适宜冷藏温度为 −0.6～3℃，冻藏温度为 −5～0℃，空气相对湿度 65%～70%。

13. 出口保鲜细香葱标准是什么？

香葱植株长 60 厘米以上，组织鲜嫩、质地良好、无病虫害、无机械伤、无病斑、无霉烂、不弯曲，规格按直径分为 L、M、S 三级：L 级直径 0.9～1.0 厘米；M 级 0.7～0.9 厘米；S 级 0.5～0.7 厘米。

第八章

良种繁育技术

1. 大葱如何进行选种？

栽培方式、栽培条件、栽培目的不同，对葱品种的性状要求也各不相同。因此，应根据需要，做好选种工作，选出适合不同栽培要求的优良品种。

冬用葱选种，应在葱收获前和贮藏过程中进行。选留具有本品种特性、株型整齐、假茎结实、健壮无病虫害、产量高的植株，冬季单独贮藏。春季栽植前再次选株，淘汰染病、假茎松软不耐贮藏的植株。

用于春葱栽培的青葱选种，要在早春进行，选择返青早、抽薹晚、低温条件下生长快的植株，原地隔离采种。

夏葱选种要从抗热品种中选留耐热、抗病、夏季生长快的植株留种。

2. 大葱如何进行提纯复壮?

大葱是异花授粉作物，利用种子繁殖。采种过程中难免出现生物学混杂和机械混杂，为了保持大葱优良品种的特性，必须进行提纯复壮。

提纯复壮的方法是在收获时，选择最具有品种产品器官典型性状的植株，从中挑选出优良单株，单独贮藏。在栽种株时，从葱白基部以上25厘米处横切，观察剖面，鉴别是否有分蘖。对于普通大葱来说，有分蘖的要淘汰。进入抽薹期，观察花梗高矮、花苞形状、管状叶的长宽薄厚、叶色、叶展、有无病毒等。但必须要在总苞尚未破裂之前进行选择，把不符合要求的种株剔除。经过提纯复壮的种株采收的种子播种之后，在育苗期间仍然需要继续观察，继续淘汰不符合标准的苗株。在定植时还要进行一次选择，不要定植不符合标准的秧苗。

3. 大葱良种繁育技术有哪些方法?

由于大葱植株从长出4片真叶以后可随时在低温条件下通过春化阶段开始生殖生长，因此，可用于大葱留种的种株株龄长短差异相差很大。有用充分长成的葱作种株采种的成株留种方法；还有利用夏季播种育苗，秋季形成半成株作种株留种的半成株留种方法。

4. 大葱成株留种主要有哪几种方法？

成株留种是当年春季或上年秋季播种育苗，秋季形成商品大葱，以此作种株，翌年春抽薹开花，夏季采收种子的留种方式。由于经历了商品大葱形成的全过程，便于严格选择以保持种性，可生产原种和优质生产用种。其缺点是种子生产周期长（春播地区 15 个月，秋播地区 21 个月）、种子成本高、生产过程复杂，故一般用于原种生产。成株留种又分全株冬栽法、切葱春栽法和就地留种法。

大葱是异花授粉作物，虫媒花。为保持品种纯度，在繁种时要保持一定的安全间隔距离，自然地理隔离距离原种生产应不少于 5000 米，生产一代种应不少于 2000 米，生产二代种在 1000 米以上；或充分利用村庄、树林等天然屏障隔离；或采用网室隔离，网纱的网目应在 30 目以上。

5. 如何进行全株冬栽法留种？

按冬葱栽培技术培育成株大葱，在秋季生长期间在田间进行选择，根据叶色、叶形、株型、分蘖性、抗病性初选具有本品种优良特性的优良单株予以标记。收获时，按品种的特征特性再次对株高、叶形、叶数、叶身与叶鞘的比例、葱白的形状、长短、粗细、紧实度、外皮色泽及表面纵向沟纹的有无、分蘖性等进行复选。

作为种株培育用的大葱挖收时期应比商品大葱的收获期适当提早。一般在当地最低气温出现0℃前挖收。华北北部及东北、内蒙古等地在“立冬”前收，陕西关中和山东章丘一般在11月中下旬收。总之，种株收获时期的原则是，使种株体内尽量积累更多的养分，但又不使其受冻。在此原则下，秋冬栽植的应适当早收，春季栽植的应适当晚收。

种株挖收后，先在田间晾晒1～2天。种株经适当晾晒即可整株栽植。

大葱忌连作，采种田应选择土层深厚、肥沃、中性、3～4年内未种过葱蒜类作物的土壤，符合隔离条件的地块。

采种田在前茬收获后应及时翻耕，促进土壤熟化。在土壤营养方面应特别注意增施磷、钾肥，整地后按计划的行距开宽15厘米、深15～20厘米的沟，沟内按每亩2500～3000千克施入腐熟厩肥，同时均匀撒施三元复合肥20千克，肥料与土壤混合均匀，然后栽植种株。

秋冬栽植的时期宜早不宜迟，早栽可以使种株在越冬前长出新根，一般冬前长出6～7条新根对种株安全越冬和春季按时返青抽薹有利。成株栽植时期一般在10月下旬至11月上旬。

种株栽植行距45～50厘米、株距6～10厘米，单行栽植；或沟距70～80厘米，沟内栽2行，沟内行距10厘米、株距5厘米。适宜的栽植密度为每亩

2万～2.5万株。栽植的行株距也因品种而异，如章丘大葱行距65～70厘米，鸡腿葱行距50～55厘米。在栽植前，适当清理植株上的枯叶和枯根，然后直接栽植。

栽植时，沟栽的先在沟内浇水，然后插葱、覆土。也可以先干栽，然后浇水。栽植深度以植株大小而定，一般栽植深度为10～15厘米，栽后外露葱白5～10厘米。

越冬前浇越冬水。浇冻水后数日，可在田间铺施腐熟厩肥，结合培土保护种株安全越冬。培土后只留20～30厘米的叶鞘露出垄背。越冬期间，上叶逐渐枯黄，养分大部回流到葱白基部。

第二年返青（开始生长）前要及时剪去种株上部20厘米的枯梢并带出田外，以利于新叶发生和生长。

进入返青期及时浇返青水，平去培土。抽薹开花期，追施1次氮肥和钾肥，每亩施氮（N）2千克、钾（K_2O）4千克，促进种子发育。

种株抽薹后要控制灌水，以免花薹徒长后期倒伏。开花后要适量浇水，开花盛期应经常保持土壤湿润，保证灌浆吸水需要。花期结束后要控制浇水，以利种子成熟。

抽薹后，发现母株滋生侧芽应及时去除，以免影响种子的质量。

为了防止花薹倒伏，抽薹期应设立简易支架。

种株开花前要认真做好去杂去劣工作，一是拔除过早抽薹株，二是拔除分蘖株。

大葱采种栽培期间的病虫害防治，可参照大葱主要病虫害防治部分。

开花期注意昆虫传粉和天气变化。如传粉昆虫少，授粉不足，要及时进行人工授粉。授粉方法是用鸡毛掸子轻扫花球，每3～4天进行一次，一般需进行4～5次。授粉时间为晴天上午8点半到下午4点，中午气温偏高可暂停2小时。

大葱同一花序花期为15～20天，开花后40天左右种子成熟。因此，种子成熟期也不一致。北方地区大葱种子一般在5月下旬至6月上中旬成熟。为了保证种子成熟度一致，提高成熟种子的收获率，应随种子成熟分期采收，一般不同植株的种子应分2～3次采收，同一花序的种子也应分2次采收。华北地区进入5月下旬，当花球上部蒴果开裂露出黑色种子时，即可进行分期收获。收获时，先用剪刀将顶部成熟种子剪下晾晒，待花球底部种子变黑后即可全部采收。

采收后的种球，应立即放在席上晾晒，不可堆放，以免葱球发热，引起腐烂发霉，降低发芽率。晾晒4～5天后即可搓粒，而后除去杂质，风净秕粒，将净化后的种子再晾晒3～4天。

注意种子不可在高温、强日照下摊晒在水泥地面、铁板、塑料布上，以防烫伤种子。晒干后的种子，用布袋盛放，不可用铁桶、塑料袋盛放，以免妨碍种子呼吸而降低发芽率。种子袋上要贴标签，注明品种名称、产地、生产时间、制种人姓名等，存放在阴凉干燥的库房内。贮藏期间要定期检查种子含水量，发现返潮应及时晾晒，确保种子符合国家规定标准。

大葱种子寿命短，尤其应注意存放。种子应存放在干燥处贮藏，避免受潮发霉。有条件的可在0℃低温下干燥贮藏。一般当年收获的大葱种子发芽率为90%以上，第二年的种子发芽率可降低到50%左右，两年以上的种子基本丧失发芽能力。我国大葱种子质量标准见表8-1。

表8-1　我国大葱种子质量标准

级别	品种纯度/% 不低于	种子净度/% 不低于	种子发芽率/% 不低于	种子含水量/% 不高于
原种	99	99	93	10
一级良种	97	99	93	10
二级良种	92	97	85	10
三级良种	85	95	75	10

大葱种子采收后，由于去掉了顶端优势，从茎盘上萌发的侧芽迅速生长，很快抽出花薹、现蕾、结籽，但这种种子不能使用。用其不但引起品种退化、减产，而且滋生分蘖较多，严重影响大葱质量。因此，采种后的母株要及时拔除或采收分枝葱（娃娃葱）供食用。

秋冬栽植的成株采种大葱，根系发育好，植株生长粗壮，病害轻，采种量高，一般每亩产种子50～75千克。

 如何进行切葱春栽法留种？

在大葱收获时，挑选出具备本品种特征特性的优良种株，种株挖收后在田间适当晾晒1～2天，然后捆成小捆，直立沟藏于高燥阴凉处或贮藏于窖中，周围用土围好。天气转冷时逐渐加盖草帘，保持温度0～2℃，相对湿度80%～90%。贮藏期间翻动检查2～3次，剔除病株和腐烂株。

春季栽植应适时早栽，一般在第二年春季土壤刚解冻时即进行，陕西关中多在2月中下旬至3月上旬。

土地化冻后，取出种株。为了促进栽植后抽生花薹，栽植前进行母株处理，将葱白的顶部切去1/3，老须根剪短1/2，章丘大葱等长葱白类型的品种保留基部葱白20～25厘米，鸡腿葱类型的品种保留基部15～20厘米。放在阳光下晾晒几天，以促进抽薹。在留种田内施足有机肥翻地做沟。春季栽植比冬栽法适当增大密度。

种株栽植深度以露出葱心为准，栽后只要地不过干就不宜早灌水，以免降低土温和引起烂根，应以加强中耕保墒为主。一般在栽植后1周左右，待新根长出、新叶吐露时选晴天上午灌水，以后适时中耕，保持土壤水分适中。

采种田追肥可在种株栽植后分2次进行。栽植成活后，追施1次速效化肥，按每亩施氮（N）3千克、磷（P_2O_5）4千克、钾（K_2O）4千克的量折算成肥料用量施入。

其他管理措施同全株冬栽法。

7. 如何进行就地留种法留种？

就地留种法又称懒葱采种法。葱产品长成后，在生产田中选片，不收刨，仍留原地越冬，宿根留种。上冻前浇一次冻水，第二年管理同全株冬栽法。

8. 大葱半成株留种的关键技术有哪些？

夏季播种育苗，秋季形成半成株，翌年春季抽薹，夏初开花结实。由于生产过程未经历成品葱的形成阶段，不能严格地按品种特征进行选择，因而不利于种性的保持，但种子生产周期较短（春播约12个月），成本低，适于繁殖生产用种。山东等地多利用原种在6～7月份播种育苗，9～10月份定植。半成株留种的关键技术如下：

① 严把原种关　为防止种性退化，用于半成株采种的原种，最好来自大葱成株采种，且确保原种种性质量。

② 适时早播、培育大苗　大葱半成株留种的单株采种量与种株大小成正相关，早播培育大种株能显著提高种子产量。在可能的条件下应尽量早播。大葱种子无休眠期，新种子收获后可立即播种育苗。

适宜的播种期一般为6月中下旬至7月中旬，以保证种株达到要求的指标。半成株留种的播种期不能晚于8月上旬。山东半成株采种一般于6月中旬至7月上旬播种，越冬前有效生长天数达100天以上。

③ 适时定植、合理密植　选择没有栽过葱的、方圆1000米内没有采种葱的地块，每亩施腐熟农家肥5000千克、磷酸二铵或复合肥30千克作底肥，细致整地。

山东各地一般在9月下旬至10月上旬定植，定植过晚，影响种株越冬后的成活率。秧苗够大时应尽量早定植。种株定植采用平畦或沟栽均可，1.5米宽的畦面可栽4行，沟栽行距50厘米，株距3～4厘米。半成株采种种子单株产量比成株低，因此必须合理密植，靠增加群体数量来增加种子的单位面积产量。

④ 科学管理　种株越冬前，要浇越冬水，施越冬肥，保护好种株使其安全越冬。第二年管理与成株采种法相同。

成株留种和半成株留种方法各有优缺点，在大葱繁种时应根据繁种的要求合理选择应用，也可以把不同留种方法结合起来使用。采用“连续用成株选种繁殖原种，再用成株繁殖的纯正原种培育半成株种株，用半成株繁殖生产用种”的二级繁种体系。成株繁殖原种能保持和提高大葱品种的优良种性，半成株繁殖生产用种周期短、种株成本低、产种量高、经济效益好，两者结合，既能保证种性不退化，又能降低种子生产成本，缩短繁种周期，提高单位面积的葱种产量，已被广泛应用于大葱种子生产。

9. 什么是大葱核胞质雄性不育三系制种方法？

大葱核胞质雄性不育三系制种方法，属于大葱杂种优势利用领域，包括用雄性不育系与保持系杂交产生不育系，再用不育系与父本系配制杂交种。

大葱的杂种优势利用是实现大葱高产稳产的重要途径。大葱杂交种（F1）不论在产量还是抗性方面均有明显的杂种优势，特别是株间的一致性更受葱农的欢迎。提高杂交种的种子产量是实现大葱杂种优势利用的关键问题之一。

10. 利用雄性不育系生产大葱杂交种(F1)应注意哪些事项？

利用雄性不育系生产杂交种分为两个阶段，需要三个亲本系和建立三个繁育区。两个阶段为亲本繁殖和一代杂种制种。三个亲本系是指不育系、保持系和父本系。不育系即雄性不育株系，雄蕊败育，雌蕊发育正常，在杂交制种时作母本；保持系是正常的可育系，可保持不育系后代的不育性，用于繁殖雄性不育系；父本系（有些作物称此系为恢复系，但商品大葱是以营养体为产品，不是以籽实为产品，因此大葱杂交种的父本不必具有恢复性，在此称杂交种的父本为父本系或自交系）即多代自交纯合的株系，自交能正常结籽，在杂交制种时作父本。三个繁育区即不育系和保持系繁育区、父本系繁育区和杂交种（F1）制种区，见图 8-1。

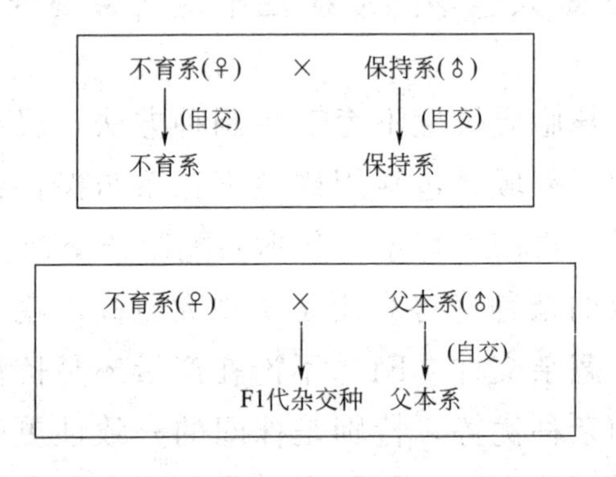

图 8-1　大葱三系制种体系

大葱三系制种时三个亲本系的繁育要在严格隔离条件下进行。不育系与保持系杂交继续繁育不育系和保持系，从不育系植株上采收的种子仍为不育系，用于下年与父本系杂交制种；从保持系植株上采收的种子仍为保持系。

不育系与父本系杂交，从不育系植株上采收的种子为一代杂交种，用于大田生产；从父本系植株上采收的种子仍为父本系。但是，由于不育系的不育率达不到 100%，不育系中有粉植株会影响父本系的纯度，因此，在杂交制种时，从父本系植株上采收的种子一般不再作父本系使用。用于杂交制种的父本系需要单独隔离繁殖。

11. 如何繁殖大葱雄性不育系和父本系？

大葱雄性不育系和父本系繁殖，是生产大葱一代杂交种的基础，要采用成株采种，每代都必须进行严格的去杂去劣，防止种性退化和变异。

(1) 大葱不育系的繁育　大葱不育系繁殖与不育性保持是由其保持系完成的。因此，不育系的繁殖需要有两个亲本，即不育系和保持系。

① 育苗　不育系和保持系在育苗时必须分开播种，避免机械混杂，二者用种量（或播种面积）的比例应在2∶1左右。育苗应选择旱能灌、涝能排的地块，播前要施足底肥，细致整地，采用撒播和条播均可。出芽率85%的种子每平方米的播种量：秋播不应超过4克，春播不应超过2.5克。

为了防止苗期杂草为害，可每亩用33%二甲戊灵（施田补）乳油100～150毫升兑水40～50千克，播覆土后，均匀喷雾于土壤表面。要严格避免药液与种子接触，防止产生药害。地温低时播后覆盖地膜可有效提高出苗率和缩短播种至出苗的时间。

为防止蝼蛄等为害，在4～9月可用黑光灯诱杀蝼蛄、蛴螬等的成虫，也可每亩用炒熟的麦麸2千克与90%敌百虫30倍液60毫升拌匀，制成毒饵，撒施在沟内或地膜下，杀伤效果较好。

苗期应根据土壤肥力和墒情适当追肥和灌水，出苗后要注意防治地蛆。

② 隔离　不育系的繁育田必须进行严格的隔离，防止外来花粉污染。其隔离措施有：自然地理隔离应在 2000 米以上；网室隔离，网布的网目应在 30 目以上；在冬季利用日光温室繁育亲本，隔离效果好，但是种子产量稍低，成本较高。冬季利用日光温室繁育亲本，种株的定植时间非常关键，种株一定要通过一段时间低温打破休眠再定植。

③ 定植　定植时间一般在 6 月中旬至 7 月上旬。行距 65 厘米左右，株距 5～6 厘米，不育系和保持系的定植行比为2∶1，即 2 垄不育系，配置 1 垄保持系，相间定植。如果保持系的花粉量少，还应缩小定植行比；如果花粉量大，可扩大定植行比。定植后的田间管理同常规种采种田。

④ 去杂除劣　去杂除劣是保持亲本种性的重要措施之一，种株开花以前应多次进行。主要是淘汰株型不符、病株、育性不符、抽薹过早或过晚、生殖性状不佳等的植株。

⑤ 授粉　网室内和冬季温室内没有传粉媒介，必须进行细致的人工授粉。最好 1 天授 1 次粉，间隔时间最多不能超过 2 天，授粉可用鸡毛掸子轻轻触摸花球，在不育系和保持系间交替进行。在室外的繁种田，传粉昆虫少时或阴天、大风天也应进行人工辅助授粉。

⑥ 种子采收　种球顶端种果开裂面积有 5 分硬币

大小时就应分期分批进行采收。采收时，不育系和保持系必须分别收获种球、单独存放后熟、单独脱粒、单独贮藏，做好标记，严防机械混杂。

（2）大葱父本系的繁育　父本系的繁育可采用2种途径：一是专门繁育父本系，其繁育方法同常规品种繁殖；二是结合杂交种（F1）制种，父本单收，作为下一年制种用，但是这种方法繁育父本系不能进行有效的成株选择，种性容易退化，应与前种方法交替进行。

12. 如何利用大葱雄性不育系繁殖大葱杂交种（F1）？

大葱一代杂交种是利用大葱雄性不育系作母本，大葱父本系作父本生产的杂种一代种子。大葱杂种一代（F1）的种子生产，可采用成株或半成株制种。因为半成株制种占地时间短，种子生产成本较低，所以生产上以半成株制种为主。

（1）育苗　用半成株制种，种株花芽分化前的营养体大小对种子产量影响很大，营养体大则种子产量高。因此育苗播种不能过晚。葱种无休眠期，新种子收获后尽早播种，最晚播期根据当地气候条件和葱的品种而定，可参考半成株留种。每安排一亩大葱杂交制种，需不育系种子150～200克，父本系种子150克，不育系和自交系要分别播种育苗，严禁机械混杂。其他技术措施同不育系和父本系的繁育。

（2）隔离与地块选择 杂交种子（F1）生产，为了降低种子生产成本，便于大量生产，一般都是在自然条件下制种，因此种子生产的地块选择，首先要考虑隔离区；以制种田为中心，半径1000米以内不能有非父本种株采种田，也不能有开花的大葱或分蘖大葱的生产田；其次要选择旱能灌、涝能排，土壤适宜大葱采种的地块；再次就是要选择上茬为非葱、蒜、韭菜的地块，最好是间隔3～4年未种过葱、蒜、韭菜的地块。

（3）定植 要适期早定植，山东各地一般于9月中下旬定植为宜。半成株制种要合理密植方能高产，定植行距40～50厘米、株距3～4厘米，父母本比例配置为1∶(2～3)，即定植1行父本系，需定植2～3行不育系，母本（不育系）和父本系相间定植。大葱杂交制种的种子单位面积产量受母本（不育系）的面积比例影响，母本面积比例在一定范围内越大产量越高，而这个范围主要由父本的花粉量左右。所以，大葱杂交种制种要根据父本花粉量的多少合理配置父母本比例。在父本花粉量够用的情况下，尽量扩大母本比例，同时也要在有限的父本比例中，合理增加父本株数，增加花粉供应量。

（4）去杂除劣 去杂除劣是保持大葱杂交制种纯度的重要措施之一。种株开花以前应多次进行去杂除劣，拔除株型不符的种植、病株、弱株等；进入种株开花期，及时拔除育性不符、抽薹过早或过晚的种株等。

(5) 人工辅助授粉　阴天、大风天传粉昆虫少时，应进行人工辅助授粉。盛花期最好1天授1次粉，授粉可用手掌（或戴线手套）轻轻触摸花球，在不育系和自交系间交替进行。待花期结束后，拔除父本种株，以防机械混杂。如果父本有用亦可不拔除，但收获时必须单收、单放、单打、单贮，准确标记，严禁混杂。

(6) 种子采收　种球顶端种果开裂面积有5分硬币大小时就应分期分批进行采收。在不育系上收到的种子就是杂交种（F1）。

制种田的病虫害防治、其他田间管理和种子收获等请参照常规种采种技术。

13. 分葱主要有哪些繁殖方式?

分葱繁殖方式有分株繁殖和种子繁殖两种。

不开花的分葱利用分株繁殖。如江南的冬葱，在南方于8月中旬选健株分株丛栽，每亩栽8000～10000丛，每丛3～4株，10月中旬开始采收。露地生产中，遇霜地上部枯萎，以地下部越冬，翌春萌发新叶，4～5月采收。5月份叶鞘基部稍为膨大，地上部枯萎，可全株挖起晾干，挂藏越夏，8月份重新栽植。

四季分葱，既耐寒也较耐热，可以四季栽培。其一年有四个分株繁殖期：第一个时期在8月中旬栽植，每丛3～4株，每株可分蘖8～10株，11月中旬培土软化，翌年1～2月收获；第二个时期在11月下旬分株栽植，不培土，至次年3～4月采收；第三个时期在3月下旬分株栽植，5月下旬采收；第四个时期在5月下旬分株栽植，7月中旬采收。

开花不结籽的分葱，分蘖力强，对环境适应性广，四季可分株栽植。栽培过程与上一类相同，但由于植株较小，密度应大些。

对不开花和开花不结籽的分葱，抽薹对分葱的栽培毫无意义，只能消耗养分，应予以除薹，以减少养分消耗，充实鳞茎。

开花结籽的分葱，如杭州的春葱、福建的霉葱等，以种子繁殖，可在春季和秋季播种，春播3月中旬播种，5月份单株分栽，6～9月分批收获；秋播8月份直播，10月至翌年4月上旬陆续收获，而后抽薹开花结籽。也可用分株繁殖。

14. 细香葱良种繁育主要有哪些方式？

细香葱的繁殖方法主要有种子繁殖、分株繁殖和鳞茎繁殖。

用种子繁殖时可在秋季进行育苗移栽（育苗方法同大葱育苗）。

分株繁殖四季均可进行。一年中有4个分株繁殖时期，分别是3月下旬、5月下旬、8月中旬、11月下旬。移前将母株挖起，用手将株丛拔开，拔开的分株应有茎盘与根须，按12厘米×15厘米的株行距定植，每穴 2～3 株，深 2.5～3.0 厘米，栽后及时浇好活棵水。

用鳞茎繁殖，一般于早春在无病田选留种苗，挖收后干燥保管，秋季播种。

附录　绿色食品　葱蒜类蔬菜 NY/T 744—2012

2012年12月7日发布　2013年3月1日实施

前　言

本标准按照GB/T 1.1给出的规则起草。

本标准代替NY/T 744—2003《绿色食品　葱蒜类蔬菜》。与NY/T 744—2003相比，除编辑性修改外，主要技术变化如下：

删除对营养指标的要求；

删除了氟和亚硝酸盐两项卫生指标；

更换了乙酰甲胺磷、敌敌畏、乐果、毒死蜱、氯氰菊酯、氰戊菊酯、溴氰菊酯、百菌清和多菌灵的检测方法；

增加了三唑磷、腐霉利、吡虫啉、氯氟氰菊酯、氟虫腈五项卫生指标；

增加附录A。

本标准由农业部农产品质量安全监管局提出。

本标准由中国绿色食品发展中心归口。

本标准主要起草单位：农业部农产品质量监督检验测试中心（郑州）。

本标准主要起草人：贾斌、冯书惠、余大杰、张玲、张军锋、王建、陈丛梅。

本标准所代替标准的历次版本发布情况为NY/T 744—2003。

1 范围

本标准规定了绿色食品葱蒜类蔬菜的技术要求、检验规则、标志和标签、包装、运输和贮存。

本标准适用于绿色食品葱蒜类蔬菜，包括大蒜、洋葱、大葱、香葱、胡葱、韭菜、薤、大头蒜等。

2 规范性引用文件

下列文件对于本文件的应用是必不可少的。凡是注日期的引用文件，仅注日期的版本适用于本文。凡是不注日期的引用文件，其最新版本（包括所有的修改单）适用于本文件。

GB 5009.12 食品中铅的测定

GB/T 5009.15 食品中镉的测定

GB/T 8855 新鲜水果和蔬菜取样方法

NY/T 391 绿色食品产地环境技术条件

NY/T 658 绿色食品包装通用准则

NY/T 761 蔬菜和水果中有机磷、有机氯、拟除虫菊酯和氨基甲酸酯类农药多残留的测定

NY/T 1055 绿色食品产品检测规则

NY/T 1056 绿色食品贮藏运输准则

NY/T 1275 蔬菜、水果中吡虫啉残留量的测定

NY/T 1680 蔬菜水果中多菌灵等 4 种苯并咪唑类农药残留量的测定 高效液相色谱法

中国绿色食品商标标志设计使用规范手册

3 技术要求

3.1 产地环境

产地环境条件应符合NY/T 391的要求。

3.2 感官要求

应符合附表1的规定。

附表1 绿色食品葱蒜类蔬菜感官指标

品质	检验方法
同一品种或相似品种，成熟适度，色泽正，新鲜、洁净；无腐烂、畸形，异味、发芽、抽薹、冷害、冻害、病虫害及机械伤	品种特征、清洁、腐烂、畸形、开裂、黄叶、抽薹、冷害、冻害、病虫害及机械伤害等外观特征用目测法鉴定。 病虫害症状不明显而有怀疑者，应用刀剖开检测。 异味用嗅的方法鉴定

3.3 卫生指标

污染物、农药残留限量应符合食品安全国家标准及相关规定，同时符合附表2中的规定。

附表2 绿色食品葱蒜类蔬菜卫生指标

单位：毫克/千克

序号	项目	限量	检测方法
1	敌敌畏(dichlorvos)	≤0.1	NY/T 761
2	氯氰菊酯(cypermethrin)	≤0.2	NY/T 761
3	多菌灵(carbendazim)	≤0.1	NY/T 1680
4	乙酰甲胺磷(acephate)	≤0.02	NY/T 761
5	三唑磷(triazophos)	≤0.1	NY/T 761
6	溴氰菊酯(deltamethrin)	≤0.1	NY/T 761
7	氰戊菊酯(fenvalerate)	≤0.02	NY/T 761
8	氯氟氰菊酯(cyhalothrin)	≤0.02	NY/T 761
9	百菌清(chlorothalonil)	≤1	NY/T 761
10	氟虫腈(fipronil)	≤0.02	NY/T 761
11	吡虫啉(imidacloprid)	≤0.5	NY/T 1275

各检测项目除采用表中所列检测方法外，如有其他国家标准、行业标准以及部文公告的检测方法，且其检出限和定量限能满足限量值要求时，在检测时可采用。

4 检验规则

申请绿色食品认证的产品应按照标准中3.2、3.3以及附录A所确定的项目进行检验。其他要求应符合NY/T 1055的规定。

4.1 组批

同产地、同规格、同时采收的葱蒜类蔬菜作为一个检验批次。批发市场同产地、同规格的葱蒜类蔬菜作为一个检验批次。超市相同进货渠道、同规格的葱蒜类蔬菜作为一个检验批次。

4.2 抽样方法

按照GB/T 8855的有关规定执行。

5 标志和标签

5.1 标志应符合《中国绿色食品商标标志设计使用规范手册》的要求。

5.2 每一包装上应标明产品名称、产品的标准编号、商标、生产单位（或企业）名称、详细地址、产地、规格、净含量和包装日期等，标志上的字迹应清晰、完整准确。

6 包装、运输和贮存

6.1 包装

6.1.1 用于产品包装的容器如塑料箱、纸箱等应按产品的大小规格设计，同一规格应大小一致，整洁、干燥、牢固、透气、无污染、无异味，内壁无尖突物，无虫蛀、腐烂、霉变等，纸箱无受潮、离层现象。包装应符合NY/T 658的要求。

6.1.2　按产品的品种、规格分别包装，同一件包装内的产品应摆放整齐紧密。

6.1.3　每批产品所用的包装，单位质量应一致。

6.1.4　逐件称量抽取的样品。每件的净含量应不低于包装外标志的净含量。根据检测的结果，检查与包装外所示的规格是否一致。

6.2　运输

运输应符合NY/T 1056的规定。运输前应进行预冷。运输过程中注意防冻、防雨淋、防晒、通风散热。

6.3　贮存

6.3.1　贮存应符合NY/T 1056的规定。贮存时应按品种、规格分别贮存。

6.3.2　贮存的适宜温度为：韭菜0℃，大蒜−0.6～3℃，大葱0～4℃，洋葱−0.3～3℃。贮存的适宜湿度为：韭菜85%～90%，大蒜65%～70%，大葱85%，洋葱65%～70%。

6.3.3　库内堆码应保证气流均匀流通、不挤压。

参考文献

[1] 陈运起，等．大葱生产关键技术问答［M］．北京：中国农业出版社，2007.

[2] 高国训，等．大葱、洋葱、大蒜生产关键技术百问百答［M］．北京：中国农业出版社，2008.

[3] 汪兴汉，等．葱蒜类蔬菜生产关键技术百问百答［M］．北京：中国农业出版社，2005.

[4] 崔连伟，等．大葱无公害标准化栽培技术［M］．北京：化学工业出版社，2009.

[5] 吕晓滨．大葱大蒜韭菜种植技术［M］．呼和浩特：内蒙古人民出版社，2009.

[6] 朱建华，等．山东蔬菜栽培［M］．北京：中国农业科学技术出版社，2007.

[7] 房德纯，等．葱蒜类蔬菜病虫害诊治［M］．北京：中国农业出版社，2002.